교육역량 강화를 위한 베이직 헤어스타일링

블로우 드라이 & 아이론

메디시안

머리말

최근 한국의 미용 산업은 세계를 이끄는 K-beauty 산업으로 끊임없이 발전하고 있습니다. 특히 헤어미용은 얼굴 등에 맞춤형 문화산업 서비스 분야로서 과학적이고 전문적인 예술성과 학문적으로 정립된 전문가가 고객의 니즈(needs)를 파악하여 고객 만족을 실현하고 있습니다.

이에 따라 산업 현장에서는 올바른 지식, 기술, 태도를 바탕으로 전문가의 성공적이고 효율적인 직무수행 능력과 글로벌 시대를 선도하는 지도자적 자질을 필요로 하고 있습니다.

이 책은 이에 준거하여 국가직무능력표준(NCS)을 바탕으로 드라이&아이론 분야에 필요한 능력을 산업현장, 교육현장, 논문, 미디어, 임상경험 등을 토대로 기초 이론과 실기로 파트를 나누어 학습자가 쉽게 이해할 수 있도록 집필하였습니다.

드라이 & 아이론은 헤어스타일링 시 소재, 구상, 제작, 보정의 단계를 기반으로 블로우 드라이기, 아이론, 브러시 등의 기기 및 도구를 이용하여 스트레이트, C컬, S컬 등 헤어스타일을 정밀하게 완성하는 중요한 능력입니다.

따라서 지식, 기술, 태도 등이 체계화되어 표준화 되어 있는 국가직무능력표준(NCS)의 베이직 드라이(1201010123_17v4), 웨이브 드라이(1201010139_17v4) 능력단위를 바탕으로 집필 하였습니다.

이 책을 통해 학습자가 드라이 & 아이론의 원리를 파악하고 습득함으로써 산업현장에서 자신감있게 고객 만족을 실현할 수 있도록 도움이 되었으면 합니다.

끝으로 이 책이 출간되기까지 열정적으로 임해 주신 메디시언 이사님을 비롯한 직원 여러분께 깊은 감사를 드립니다.

임인년 새 봄에

필자 대표

차례

Contents

차례

PART Ⅰ

NCS 기반 블로우 드라이 & 아이론

1. NCS 능력단위
2. 적용범위 및 작업상황
3. 평가지침
4. NCS 적용강의 계획
5. 학습자 사전(후) 자가진단 평가서

1. NCS 능력단위

1. 베이직 드라이스트레이트, C컬

분류번호 : 1201010123_17v4
능력단위 명칭 : 기초 드라이
능력단위 정의 : 기초 드라이란 블로우 드라이어, 헤어 매직기, 헤어 브러시 등의 기기 및 도구를 이용하여 스트레이트 드라이, C컬 드라이 기법으로 헤어스타일을 완성하는 능력이다.

능력단위요소	수 행 준 거
1201010123_17v4.1 스트레이트 드라이하기	1.1 모발 상태와 헤어디자인에 따라 블로우 드라이어, 헤어 매직기, 헤어 브러시 등의 기기 및 도구를 선정할 수 있다. 1.2 블로우 드라이어를 사용하여 모발을 스트레이트 형태로 드라이할 수 있다. 1.3 헤어 매직기를 사용하여 모발을 스트레이트 형태로 펼 수 있다. 1.4 모발 상태와 헤어디자인에 따라 기기의 온도, 각도와 방향, 텐션 등을 조절할 수 있다. 1.5 콤아웃 기법과 헤어스타일 연출 제품 등을 사용하여 헤어스타일을 완성할 수 있다.
	[지 식] ㅇ 모발 상태 분석에 관한 지식 ㅇ 블로우 드라이어의 종류와 사용법 ㅇ 헤어 매직기의 종류와 사용법 ㅇ 콤아웃 기본기법 ㅇ 헤어스타일 연출 제품의 종류와 사용법
	[기 술] ㅇ 블로우 드라이어를 사용하여 모발을 스트레이트로 펴는 기술 ㅇ 헤어 매직기기를 사용하여 모발을 스트레이트로 펴는 기술 ㅇ 콤아웃 테크닉 ㅇ 다양한 헤어스타일 연출에 따른 제품 사용 능력
	[태 도] ㅇ 두피와 모발을 자극하지 않도록 주의하는 자세 ㅇ 고객 만족을 위해 노력하는 태도 ㅇ 전열기기 사용 시 안전에 주의하는 태도

능력단위요소	수 행 준 거
1201010123_17v4.2 C컬 드라이하기	2.1 모발 상태와 헤어디자인에 따라 블로우 드라이어, 헤어 매직기, 헤어 브러시 등의 기기 및 도구를 선정할 수 있다. 2.2 블로우 드라이어를 사용하여 모발을 인컬, 아웃컬의 형태로 드라이 할 수 있다. 2.3 헤어 매직기를 사용하여 모발을 인컬, 아웃컬의 형태로 할 수 있다. 2.4 콤아웃 기법과 헤어스타일 연출 제품 등을 사용하여 헤어스타일을 완성할 수 있다.
	[지 식] ○ 모발 상태 분석에 관한 지식 ○ 블로우 드라이어의 종류와 사용법에 관한 지식 ○ 헤어매직기의 종류와 사용법에 관한 지식 ○ 콤아웃 기본 기법에 관한 지식 ○ 헤어스타일 연출 제품의 종류와 사용법에 관한 지식
	[기 술] ○ 블로우 드라이어로 C컬하는 능력 ○ 헤어매직기로 C컬하는 능력 ○ 콤아웃하는 능력 ○ 헤어스타일 연출 제품을 사용하는 능력
	[태 도] ○ 두피와 모발을 자극하지 않도록 주의하는 자세 ○ 고객 만족을 위해 노력하는 태도 ○ 고객의 불편을 확인하고 대처하는 자세 ○ 전열기기 사용 시 안전에 주의하는 태도

2. 웨이브 드라이S컬

분류번호 : 1201010139_17v4
능력단위 명칭 : 응용 드라이
능력단위 정의 : 응용 드라이란 블로우 드라이어, 헤어 아이롱 등의 기기와 도구를 이용하여 S컬드라이, 응용드라이 기법으로 헤어스타일을 완성하는 능력이다.

능력단위요소	수 행 준 거
1201010139_17v4.1 S컬 드라이하기	1.1 블로우 드라이어를 사용하여 모발을 S컬의 형태로 드라이할 수 있다. 1.2 헤어 아이롱기를 사용하여 모발을 S컬의 형태로 연출할 수 있다. 1.3 콤아웃 기법과 헤어스타일 연출 제품 등을 사용하여 헤어스타일을 완성할 수 있다.
	[지 식] ㅇ 헤어스타일 연출에 필요한 디자인 요소에 관한 지식 ㅇ 블로우 드라이어와 헤어 아이롱기의 응용 사용법 ㅇ 콤아웃 응용 기법에 관한 지식 ㅇ 헤어스타일 연출 제품의 종류와 사용법에 관한 지식
	[기 술] ㅇ 블로우 드라이어로 S컬을 만드는 기술 ㅇ 헤어 아이롱으로 S컬을 만드는 기술 ㅇ 헤어스타일 연출 제품을 사용하여 콤아웃하는 능력
	[태 도] ㅇ 전체적인 균형과 구도를 이해하려는 태도 ㅇ 두피와 모발을 자극하지 않도록 주의하는 자세 ㅇ 고객 만족을 위해 노력하는 태도 ㅇ 고객의 불편을 확인하고 대처하는 자세

2. 적용범위 및 작업상황

고려사항

① 드라이란 블로우 드라이어와 헤어매직기 등을 사용하여 헤어스타일을 연출하는 행위를 의미한다.

② 블로우 드라이어, 헤어매직기 등을 사용할 경우 화상과 감전 및 화재로 인한 안전사고에 주의한다.

③ **블로우 드라이어**란 미용업소에서 일반적으로 사용하는 핸드식 블로우 드라이어를 의미한다.

④ **블로우 드라이 서비스** 시 모발 상태와 목적 및 희망 디자인에 따라 온도, 풍량, 방향, 각도, 텐션, 베이스 폭, 롤 브러시 굵기 등을 고려해야 한다.

⑤ **헤어매직기의 종류**는 열판을 기준으로 플랫형, 라운드형, 클립퍼형 등이 있으며 용도에 따라 선택하여 사용한다.

⑥ **헤어매직기 서비스** 시 모발 상태와 목적 및 희망 디자인에 따라 온도 · 방향 · 각도 · 텐션 · 베이스 폭 · 열판의 너비 등을 고려해야 한다.

⑦ **고객의 만족도**와 서비스의 완성도 향상을 위해 메이크업, 매니큐어, 눈썹손질 등의 부가서비스를 제공할 수 있어야 한다.

자료 및 관련 서류

① 헤어드라이어 사용설명서

② 헤어매직기 사용설명서

③ 헤어스타일 연출 제품 사용설명서

④ 헤어스타일 북

장비 및 도구

① 거울과 의자

② 블로우 드라이어와 헤어매직기

③ 각종 브러시와 빗, 분무기, 핀셋, 어깨보

재료

① 헤어스타일 연출 제품(헤어보습제, 스프레이, 왁스 등)

3. 평가지침

평가방법

① 평가자는 능력단위 베이직 드라이의 수행준거에 제시되어 있는 내용을 평가하기 위해 이론과 실기를 나누어 평가하거나 종합적인 결과물의 평가 등 다양한 평가방법을 사용할 수 있다.

② 피 평가자의 과정평가 및 결과평가 방법

평가방법	평가유형	
	과정평가	결과평가
A. 포트폴리오		✓
B. 문제해결 시나리오		
C. 서술형시험		✓
D. 논술형시험		
E. 사례연구		
F. 평가자 질문	✓	
G. 평가자 체크리스트	✓	✓
H. 피평가자 체크리스트	✓	
I. 일지/저널		✓
J. 역할연기		
K. 구두발표		
L. 작업장평가	✓	✓
M. 기타		

평가 시 고려사항

① 수행준거에 제시되어 있는 내용을 성공적으로 수행할 수 있는지를 평가해야 한다.

② 평가자는 다음 사항을 평가해야 한다.

- 수행준거에 따른 지식 · 기술 · 태도의 습득 능력
- 베이스 폭과 각도 및 방향에 따른 형태 차이에 대한 인식 정도
- 완성된 헤어스타일의 밸런스
- 헤어스타일 연출 도구 및 제품 사용의 적정성
- 주변 정리 · 정돈 상태
- 고객만족도

4. NCS 적용 강의계획서

강의계획서

직무명	능력단위	능력단위코드
헤어미용	기초 드라이	121010123_17v4.1, 2
	응용 드라이	121010139_17v4.1

교과목명	블로우 드라이 & 아이론	이수구분		담당교수	
학년/학기		학점		시수 (이론/실습)	

교과목 개요	블로우 드라이와 아이론에 대한 이론적 개념을 알고 블로우 드라이어, 헤어 아이론 등의 기기와 도구를 사용하여 모발을 스트레이트 또는 C컬 등 다양한 드라이방법을 활용하여 헤어스타일을 완성하는 능력을 기르고, 실제 블로우 드라이와 아이론을 준비하고 시술할 수 있는 지식, 기술, 태도를 학습하여 직무에 활용할 수 있도록 한다.
교과목 특징	블로우 드라이어, 헤어 아이론 등의 기기와 도구를 사용하여 모발을 스트레이트 또는 C컬 등 다양한 드라이방법을 활용하여 헤어스타일을 완성하는 기술을 학습하고 블로우 드라이와 아이론에 대한 지식, 기술, 태도를 숙지하여 헤어미용직무에 활용할 수 있다.
교과 목표	• 스트레이트 드라이하기를 할 수 있다. • C컬 드라이하기를 할 수 있다. • S컬 드라이하기를 할 수 있다.

교수학습 방법	A	B	C	D	E	F	G	H
	A. 이론강의, B. 실습, C. 발표, D. 토론, E. 팀프로젝트, F. 캡스톤 디자인, G. 포트폴리오, H. 기타							

교재		
	주교재	NCS 기반 블로우 드라이 & 아이론
	부교재	
	참고자료	NCS 학습모듈 – 기초드라이, 응용드라이

평가방법	A	B	C	D	E	F	G	H	I	J	K	L	M
	A. 포트폴리오, B. 문제해결시나리오, C. 서술형시험, D. 논술형시험, E. 사례연구, F. 평가자 질문, G. 평가자 체크리스트, H. 피평가자 체크리스트, I. 일지/저널, J. 역할연기, K. 구두발표, L. 작업장평가, M. 기타												

주차별 학습계획			
주차	관련 능력단위요소	수업내용	비고
1	–	• 오리엔테이션 & 진단평가 실시 – 블로우 드라이 & 아이론 강의 안내 – 평가방법 및 과제 안내 등	
2	스트레이트 드라이하기	– 모발학의 이해 – 모발의 정의, 구조, 성장, 특성 등	
3	스트레이트 드라이하기	– 블로우 드라이의 정의, 원리, 역사, 기법 등 – 아이론의 정의, 원리, 역사, 기법 등	
4	스트레이트 드라이하기 C컬 드라이하기	– 블로우 드라이 준비하기 – 샴푸와 핸드드라이	
5	스트레이트 드라이하기 C컬 드라이하기	– 블로우 드라이1 : 스트레이트 실전	
6	스트레이트 드라이하기 C컬 드라이하기	– 블로우 드라이2 : 안말음 실전	
7	스트레이트 드라이하기 C컬 드라이하기	– 블로우 드라이3 : 바깥말음 실전	
8	직무수행능력평가 1	• 1~7주차 수행준거 평가	
9	스트레이트 드라이하기 C컬 드라이하기 S컬 드라이하기	– 블로우 드라이4 : 포워드 S형 웨이브 실전	
10	스트레이트 드라이하기 C컬 드라이하기 S컬 드라이하기	– 아이론1 : 스트레이트 실전	
11	스트레이트 드라이하기 C컬 드라이하기 S컬 드라이하기	– 아이론2 : 안말음 실전	
12	스트레이트 드라이하기 C컬 드라이하기 S컬 드라이하기	– 아이론3 : 바깥말음 실전	
13	스트레이트 드라이하기 C컬 드라이하기 S컬 드라이하기	– 아이론4 : 포워드 S형 웨이브	
14	스트레이트 드라이하기 C컬 드라이하기 S컬 드라이하기	• 블로우 드라이와 아이론 응용 스타일 : 포워드와 리버스 혼합형 웨이브	
15	직무수행능력평가 2	• 9~14주차 수행준거 평가	

5. 학습자 사전(후) 자가진단 평가서

<table>
<tr><th colspan="4">진 단 평 가 서</th></tr>
<tr><td>담당교수</td><td></td><td>교과목명</td><td>블로우 드라이 & 아이론</td></tr>
<tr><td>학 번</td><td></td><td>능력단위</td><td>능력단위코드</td></tr>
<tr><td>이 름</td><td></td><td rowspan="2">블로우 드라이 & 아이론
[기초 드라이]
[응용 드라이]</td><td rowspan="2">LM1201010123_17v4
LM1201010139_17v4</td></tr>
<tr><td>평가일자</td><td></td></tr>
</table>

<table>
<tr><th rowspan="2">능력단위요소
(능력단위요소코드)</th><th rowspan="2">진단 문항</th><th colspan="5">자가진단</th></tr>
<tr><th>매우 미흡</th><th>미흡</th><th>보통</th><th>우수</th><th>매우 우수</th></tr>
<tr><td rowspan="5">스트레이트
드라이하기
121010123_17v4.1</td><td>모발 상태와 헤어디자인에 따라 블로우 드라이어, 헤어 매직기, 헤어브러시 등의 기기 및 도구를 선정할 수 있다.</td><td>①</td><td>②</td><td>③</td><td>④</td><td>⑤</td></tr>
<tr><td>블로우 드라이어를 사용하여 모발을 스트레이트 형태로 드라이할 수 있다.</td><td>①</td><td>②</td><td>③</td><td>④</td><td>⑤</td></tr>
<tr><td>헤어 매직기를 사용하여 모발을 스트레이트형태로 할 수 있다.</td><td>①</td><td>②</td><td>③</td><td>④</td><td>⑤</td></tr>
<tr><td>모발 상태와 헤어디자인에 따라 기기의 온도, 각도와 방향, 텐션 등을 조절할 수 있다.</td><td>①</td><td>②</td><td>③</td><td>④</td><td>⑤</td></tr>
<tr><td>콤아웃 기법과 헤어스타일 연출 제품 등을 사용하여 헤어스타일을 완성할 수 있다.</td><td>①</td><td>②</td><td>③</td><td>④</td><td>⑤</td></tr>
<tr><td rowspan="4">C컬 드라이하기
121010123_17v4.2</td><td>모발 상태와 헤어디자인에 따라 블로우 드라이어, 헤어 매직기, 헤어브러시 등의 기기 및 도구를 선정할 수 있다.</td><td>①</td><td>②</td><td>③</td><td>④</td><td>⑤</td></tr>
<tr><td>블로우 드라이어를 사용하여 모발을 인컬, 아웃컬의 형태로 드라이할 수 있다.</td><td>①</td><td>②</td><td>③</td><td>④</td><td>⑤</td></tr>
<tr><td>헤어 매직기를 사용하여 모발을 인컬, 아웃컬의 형태로 할 수 있다.</td><td>①</td><td>②</td><td>③</td><td>④</td><td>⑤</td></tr>
<tr><td>콤아웃 기법과 헤어스타일 연출 제품 등을 사용하여 헤어스타일을 완성할 수 있다.</td><td>①</td><td>②</td><td>③</td><td>④</td><td>⑤</td></tr>
</table>

S컬 드라이하기 121010139_17v4.1	블로우 드라이어를 사용하여 모발을 S컬의 형태로 드라이할 수 있다.	①	②	③	④	⑤
	헤어 매직기를 사용하여 모발을 S컬의 형태로 연출할 수 있다.	①	②	③	④	⑤
	콤아웃 기법과 헤어스타일 연출 제품 등을 사용하여 헤어스타일을 완성할 수 있다.	①	②	③	④	⑤

[진단결과]

능력단위요소	문항수	합계점수(개인)	평균(점수÷문항수)
콤비네이션 헤어커트하기	5		
크리에이티브 헤어커트하기	4		
S컬 드라이하기	3		

PART Ⅱ

블로우 드라이와 아이론 이해

1. 모발학
2. 블로우 드라이
3. 아이론

Chapter. 1

모발학

Trichology

학습 목표

- 모발의 정의, 구조, 성장, 종류, 특성을 설명할 수 있다.
- 블로우 드라이의 정의, 역사, 작업도구와 제품사용 등을 설명할 수 있다.
- 블로우 드라이의 기법을 설명할 수 있다.
- 아이론의 정의, 역사, 작업도구와 제품사용 등을 설명할 수 있다.
- 아이론의 기법을 설명할 수 있다.

1. 모발의 정의

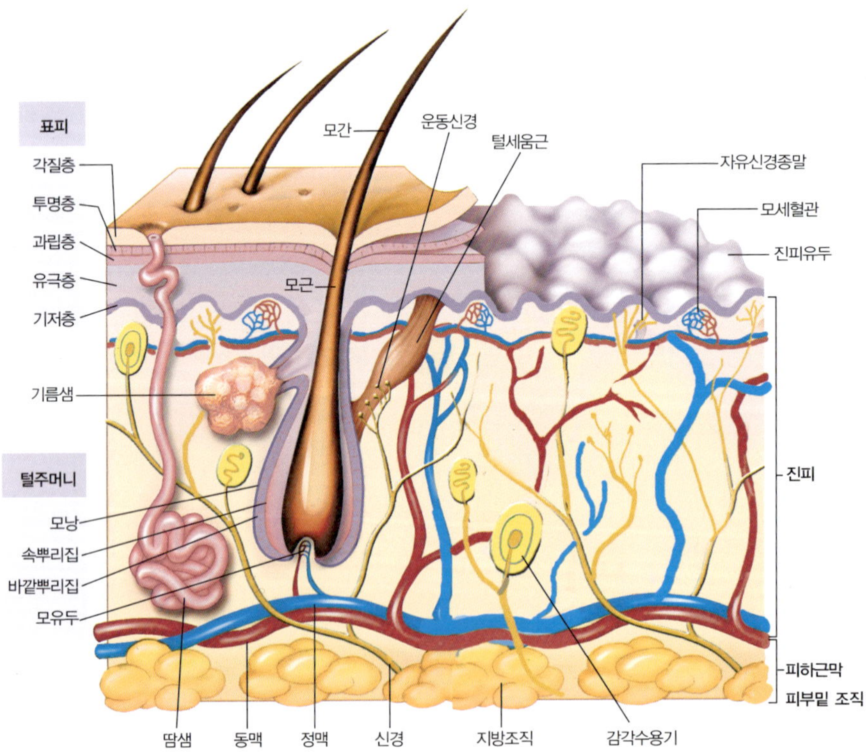

그림 1-1 모발의 형태

모발의 사전적 정의는 사람의 몸에 난 털을 통틀어 이르는 말이며, 통상적으로 사람의 머리털을 의미하기도 한다. 모발의 명칭은 두발(머리털), 수염, 눈썹, 속눈썹, 코털, 귀털, 겨드랑이털, 음모, 솜털(잔털) 등으로 구분하여 부르는데, 이것은 자란 부위에 따라 붙여진 명칭이다. 모발은 포유동물에게만 있는 피부 부속기관으로 단단하게 각화된 상피세포로 이루어진 고형의 원추세포이다. 따라서 모발이란 용어는 다소 광범위하므로 헤어미용에서 다루는 모발은 두발에 한정한 것으로 말할 수 있고, 동양인의 모발(두발)은 평균 10만본(개)정도 분포되어 있다.

모발은 손바닥, 발바닥, 입술, 유두, 귀두, 음경 등을 제외한 몸 전체에 분포하는데, 그 발생 장소에 따라 길이와 굵기, 수명이 다르다.

모발의 기능은 신체보호의 기능과 미용적인 기능으로 구분할 수 있다. 신체보호의 기능은 신체를 보호하는 역할로써 외부온도, 외부물질, 마찰 등으로부터 보호하고, 촉각 등을 전달하기도 한다. 그리고 몸속의 노폐물과 수은, 비소 등의 중금속을 배출하여 신체를 보호하는 역할을 하며 2차 성징에도 관여한다. 미용적인 기능으로는 장식의 역할을 들 수 있는데 아름다움과 개성을 표현하는 수단으로 모발에 각종 헤어스타일링을 하기도 한다.

2. 모발의 구조

모발의 구조는 모근(毛根)과 모간(毛幹)으로 나뉘는데, 피부 내에 있는 부분을 모근hair root, 피부 밖으로 나와 있는 부분을 모간hair shaft이라고 한다.

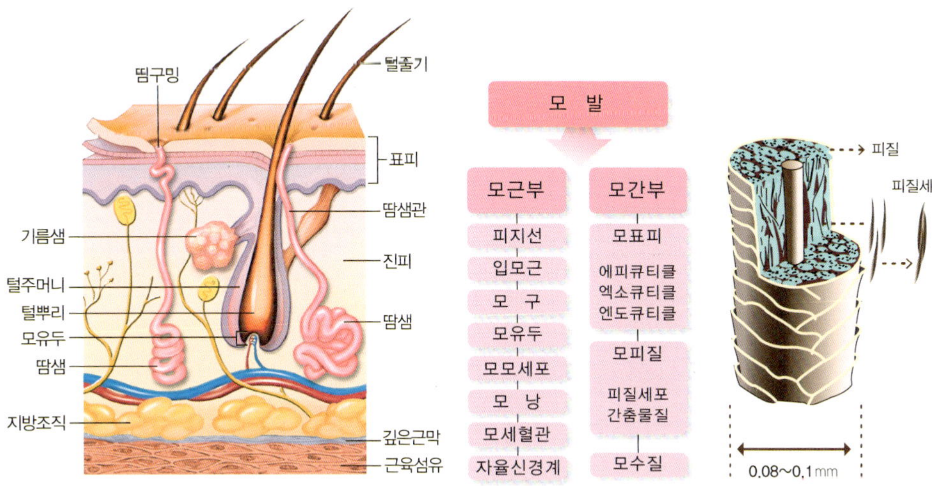

그림 1-2 모발의 구조

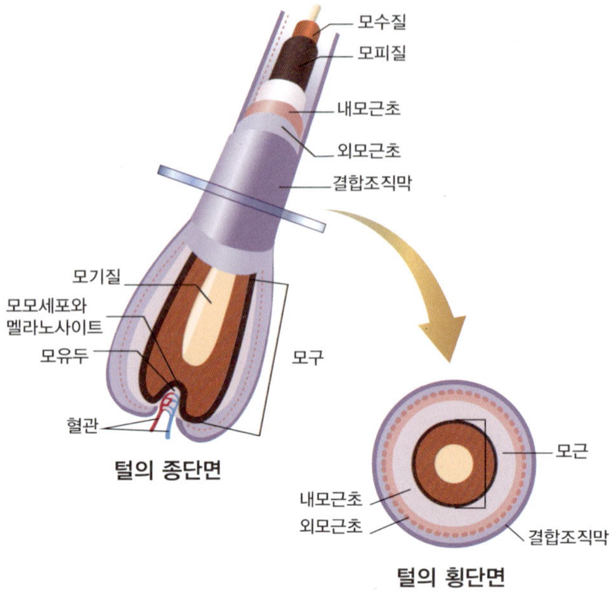

그림 1-3 모낭의 구조

1. 모근부의 구조와 기능

피부 내에 있는 모근부는 모낭이 감싸고 있으며, 내모근초와 외모근초로 덮여있다. 피부조직 내에 자리 잡고 있는 모근은 피부의 표피층에서 진피층, 피하조직층까지 내려가 있지만, 모구부의 활동에 따라 그 위치가 약간씩 차이가 있다.

(1) 모근hair root

모근은 모낭으로 둘러싸여 있다. 모발 성장기의 모근은 모구 부분이 둥글게 팽창된 상태로 진피층 하부나 피하조직의 윗부분까지 위치하고 있지만, 퇴화기를 거쳐 휴지기로 접어들면 모구부가 수축하면서 모근의 위치가 진피층 상부로 올라간다.

(2) 모낭hair follicle

모낭은 털주머니라고 하며, 작고 긴 관모양으로 피부 안쪽 아래로 움푹 들어가 모근을 유지하는 역할을 한다. 상피성 모낭과 결합조직성 모낭으로 구분되며, 두 모낭 사이에는 얇은 초자막이 있다. 피지선과 기모근이 부착되어 있으며, 모발이 생성해서 각화되어 피부표면으로 나오기까지 보호하다가 모발을 운반하고 피부각질로 떨어져 나간다. 모발 보호와 생장에 중요한 역할을 한다.

(3) 모유두hair papilla

모유두는 모구의 가장 아래쪽 중심에 위치하며, 모세혈관과 신경이 몰려 있어서 혈관으로부터 영양과 산소를 공급받아 모발 발생과 성장을 도와준다. 모유두에 접한 부분에 모기질(hair matrix)이 있으며 모발은 이곳에서 만들어진다. 즉 모모세포는 모유두의 모세혈관으로부터 영양과 산소공급을 받아 분열을 반복함으로써 모발을 형성하는 것이다.

(4) 모구hair bulb

모구는 모근의 가장아래 팽창된 부분으로 모유두와 연결되어 있으며, 모발을 보호하는 내모근초와 외모근초, 그리고 모발이 만들어지는 곳이다. 모주기에 따라 모구의 형태가 달라진다.

(5) 모모세포keratinocyte

모모세포는 모발을 만들어내는 모발형성세포이며, 모유두와 인접한 곳에 위치하며 영양공급을 받아 왕성한 세포분열 증식을 한다. 모모세포가 분포되어 있는 곳에서부터 모간의 구조가 결정되며, 모모세포의 구성은 케라틴 합성세포인 케라티노사이트와 모발색을 나타내는 멜라노사이트로 이루어져 있다. 인체에서 골수세포 다음으로 가장 왕성한 세포분열을 한다.

(6) 색소형성세포melanocyte

색소형성세포는 모발색을 결정하는 멜라닌(melanin)을 만들어내며 멜라닌의 크기와 양에 따라 모발색이 결정된다. 색소형성세포는 모모세포사이에 분포되어 함께 분열되어 생성되며, 그 분열이 정지되면 백모가 된다. 백모현상의 원인은 유전적인 요인, 질병, 스트레스, 노화 등에 의한 것이다.

(7) 피지선sebaceous gland, oil gland

피지선은 피지를 분비하여 피부나 모발에 윤기를 주며 보호하고 모낭벽에 붙어있다. 피지선은 문제성 두피의 발생이나 남성형이나 지루성 탈모증과 깊은 관련이 있다.

(8) 기모근arrector muscle, 입모근

기모근은 털세움근이라고도 하며, 피지선의 아래부위에 위치하고 있다. 평활근의 일종으로 스스로 움직일 수 없는 불수의근이다. 추위나 공포감 등을 느끼면 자율적으로 수축해서 소름을 돋게 만들며 털을 세우는 기능을 한다.

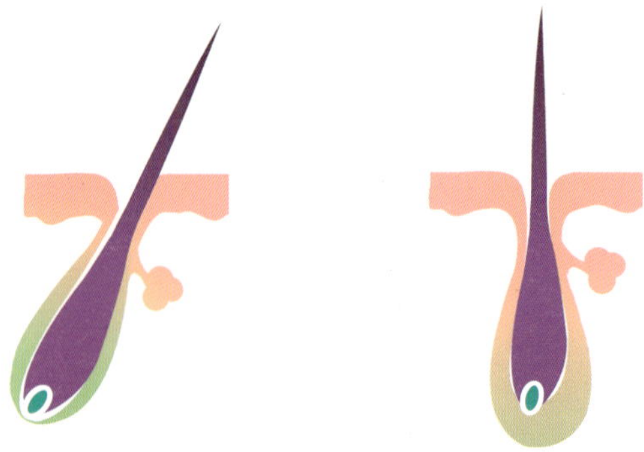

그림 1-4 기모근(입모근)의 털세움

(9) 내모근초 · 외모근초inner root sheath · out root sheath

내모근초와 외모근초는 모발내부의 모발을 직접 감싸고 있는 조직으로 모근의 형태 또는 윤곽을 만드는 기능을 하고 있는 것으로 알려져 있다. 모모세포의 주변 및 바깥 측 부분에서 형성되어 모포 협부의 상부인 피지선개구부 근처에서 붕괴된다. 내모근초는 표피의 각질층과 과립층, 유극층으로 구성되어 있고 모발을 직접 보호하며 표피까지 운반한 후에 비듬으로 각질화되어 탈락한다. 외모근초는 표피의 기저세포나 유극세포와 비슷하며 기모근 주변까지 올라와 소실된다.

표 1-1 모낭의 구조와 기능

주요소	구조와 기능
모낭	• 털주머니이며 모근을 감싸고 있음 • 모근을 유지하는 역할 • 모발보호와 생장에 중요한 역할
모유두	• 모유두와 인접한 모모세포에 의해 모발이 만들어짐 • 모세혈관과 신경이 분포함
모구	• 모유두와 연결 • 모발, 내모근초, 외모근초 생성되는 곳
모모세포	• 모발을 만들어내는 세포 • 모유두에 인접해 분포
색소형성세포	• 색소(melanin)를 만들어내는 세포 • 모모세포사이에 분포
피지선	• 모낭벽에 붙어서 피지분비 함
기모근	• 털세움근으로 불수의근

2. 모간부의 구조와 기능

피부 밖으로 나와 있는 모간은 바깥쪽으로부터 모표피cuticle, 모피질cortex, 모수질medulla 층으로 구성되어 있다.

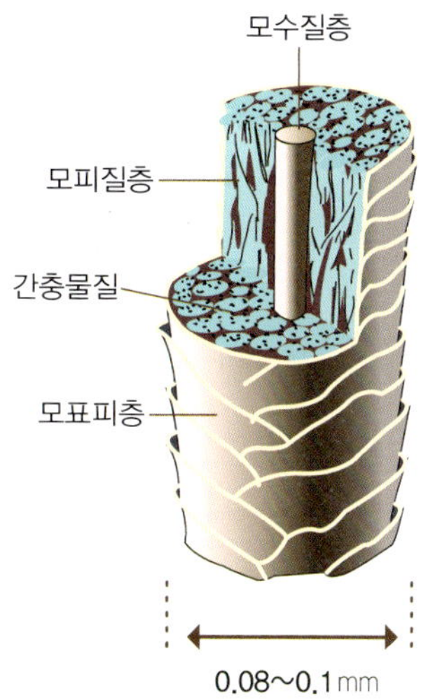

그림 1-5 모간의 형태

(1) 모표피cuticle

모발의 가장 겉 표면으로 뿌리에서 모발 끝을 향해 비늘모양으로 겹쳐져 있으며, 이것을 문리(紋理)라고 한다. 모표피의 가장 중요한 기능은 내측의 모피질을 감싸서 보호하는 것이다. 색소가 없는 반투명한 세포로 구성되어 있고, 5~15개가 겹쳐져 층을 이루고 있으며 모발의 약 10~15%를 차지한다. 경질의 케라틴이므로 딱딱하고 부서지기 쉬우며, 마찰에 약하기 때문에 무리한 브러싱과 거친 샴푸에 의해 손상되고 떨어져 나가기(박리) 쉽다.

모표피 1장의 세포는 두께가 약 0.5~1.0μm, 길이가 약 45μm이며 이것은 에피큐티클epicuticle, 엑소큐티클exocuticle, 엔도큐티클endocuticle의 3층으로 이루어져 있다.

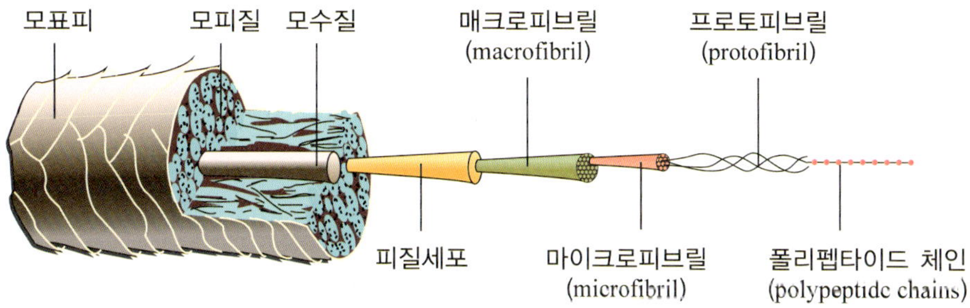

그림 1-6 모발을 확대한 모습

① 에피큐티클(epicuticle)

층의 가장 겉 표면에 존재하며 두께는 약 10nm이다. 지질과 시스틴을 함유하는 단백질로 구성되며, 각질용해성 또는 단백용해성 약품에 대한 저항이 비교적 강한 층이다. 그러나 딱딱하며 부서지기 쉬워서 물리적인 작용에는 약하다.

② 엑소큐티클(exocuticle)

층의 두께는 약 100~300nm로 비교적 두텁다. 시스틴 함량이 높은 비정질의 케라틴층이다. 엑소큐티클은 시스틴 함량 차이에 따라 다시 2개의 층으로 나뉘는데 상부는 시스틴 함량이 많아 α-층이라고 하고, 그 하부만을 엑소큐티클이라고 하는 경우도 있다. α-층은 비교적 일정하고 균일한 두께로 존재한다. 하부의 엑소큐티클은 불균일한 형상으로 엔도큐티클에 접해 있다. 이 층의 전체는 단백용해성 약품에 대한 저항성은 강하지만, 시스틴 결합을 절단하는 약품에는 약한 층이다.

③ 엔도큐티클(endocuticle)

층의 두께는 약 50~300nm이며, 변화가 있는 층이다. 엔도큐티클은 엑소큐티클 하부의 세포막 복합체cell membrane complex, CMC와 비교적 균일한 형상으로 접해 있다. 다른 큐티클보다 시스틴 함량이 적고 산성과 염기성 아미노산을 많이 함유하기 때문에 물에 의한 팽윤성이 있다. 케라틴 침식성의 약품에는 비교적 강하지만 단백침식성의 약품에 약하다.

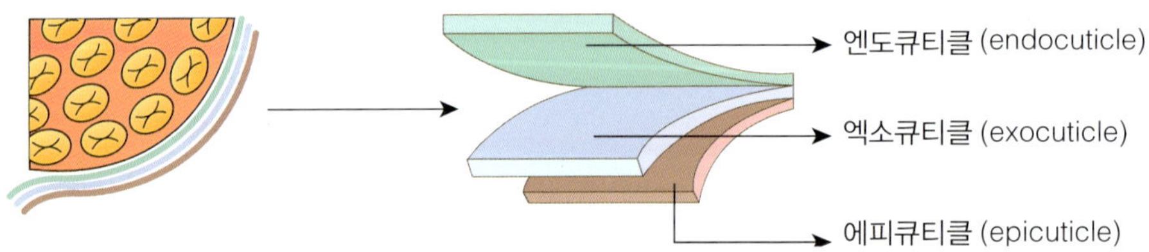

그림 1-7 모표피를 확대한 모습

(2) 모피질cortex

모피질은 모표피의 안쪽에 있으며, 모발의 길이방향으로 규칙적인 배열을 하는 케라틴질의 피질세포cortical cell 집단과 세포간충물질inner macrofibrillar material로 구성되어 있고 모발의 85~90%를 차지하고 있다. 피질세포는 길이가 약 100μm, 직경이 약 1~6μm이고 핵의 잔사가 남아 있으며, 모발의 색상을 결정하는 멜라닌이 분포되어 있다. 모발의 유연함과 탄력성, 강도 등 물리적 · 화학적 성질을 좌우하는 곳이다.

피질세포의 섬유상은 아미노산의 펩티트 결합으로 폴리펩티드 주 사슬이 만들어지며, 폴리펩티드 주 사슬은 α-나선형α-helix 구조형태로 조합되면서 3개의 폴리펩티드가 꼬여 최초의 섬유인 원섬유proto fibril가 된다. 원섬유들이 모여서 9+2의 배열을 가지며 미세섬유micrl fibril를 구성하고 이것들이 다시 모여 거대섬유macro fibril가 된다. 이 거대섬유들이 모여 피질세포가 구성되며 피질세포와 간충물질로 모피질이 형성된 것이다.

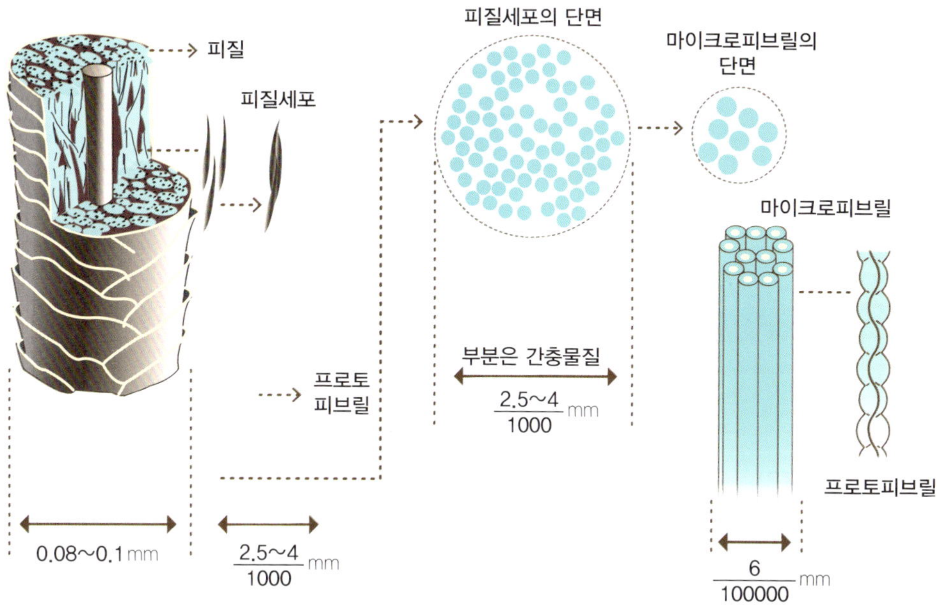

그림 1-8 모발의 구조

(3) 모수질medulla

모수질은 모발 중심부에 있고 속이 비어 있으며 벌집모양으로 공간을 이루는 세포이다. 소량의 멜라닌을 함유하고, 모발의 광택과 보온에 영향을 준다고 알려져 있다. 굵은 모발일수록 모수질 층이 두꺼우며 가는 연모나 유아의 모발에는 없다.

모발의 단면

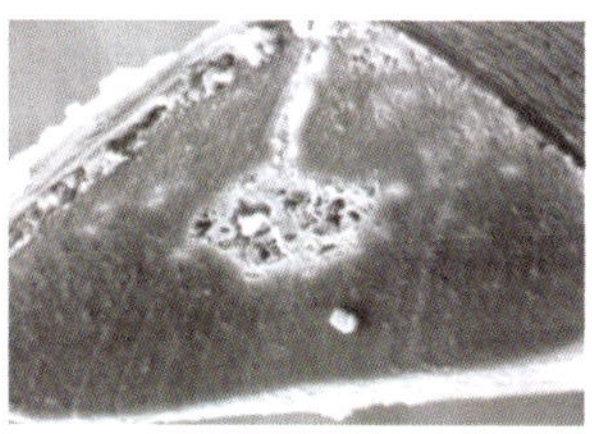

모수질(medulla)

모발 가운데 보이는 모수질

그림 1-9 모수질 확대 형태

세포막 복합체CMC, cell membrane complex

세포막 복합체CMC는 표피와 표피사이, 피질간 세포사이에서 접착제 역할을 하는 단백질과 지질을 포함하는 단위세포막이다. 주요기능은 모표피 사이에서 외부로부터 이물질이 들어오는 것을 막고, 모피질 내의 수분이나 단백질 등의 빠져나감을 막는다. 퍼머나 염색 등의 시술을 할 때 약제의 통로가 되기도 하며 내부의 간충물질이 빠져나가는 통로가 되어 모발손상을 가져오기도 한다.

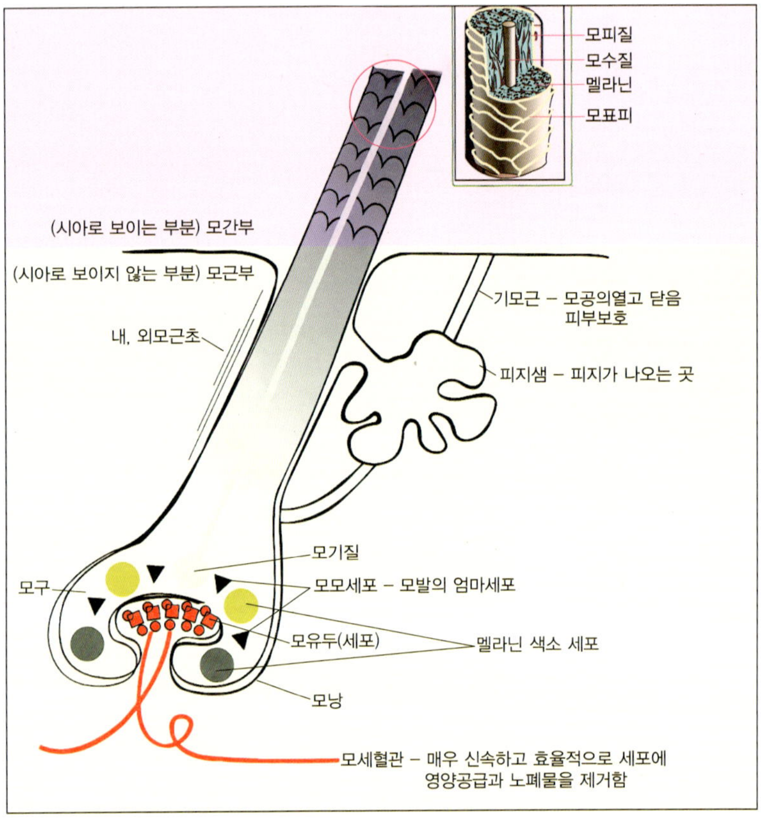

그림 1–10　모간부 및 모근부

3. 모발의 성장주기(hair cycle)

모발은 하나하나가 일정기간 동안 자라고 수명이 다하면 빠지는 독립된 주기성을 가지는데, 이를 모주기hair cycle, 즉 모발성장주기라고 한다. 모발의 성장주기는 발생기, 성장기, 퇴화(쇠퇴)기, 휴지기, 탈모, 발생기를 거친다. 평균적으로 두발의 경우 남자는 약 3~5년, 여자는 약 4~6년의 수명을 갖고 있다.

모발성장에 중요한 첫 번째 역할을 하는 것은 모유두이며, 모유두가 없으면 모발은 생기지 않는다. 이러한 모유두는 태아 때 개수가 정해지며, 이에 따라 모발개수도 결정된다. 모발의 성장주기는 발생과 성장, 자연탈모를 거듭하며 비교적 일정한 주기를 갖지만 영양결핍, 혈액순환장애, 모유두의 이상, 내분비장애, 자율신경의 이상, 스트레스 등의 요인에 의해 달라질 수 있다.

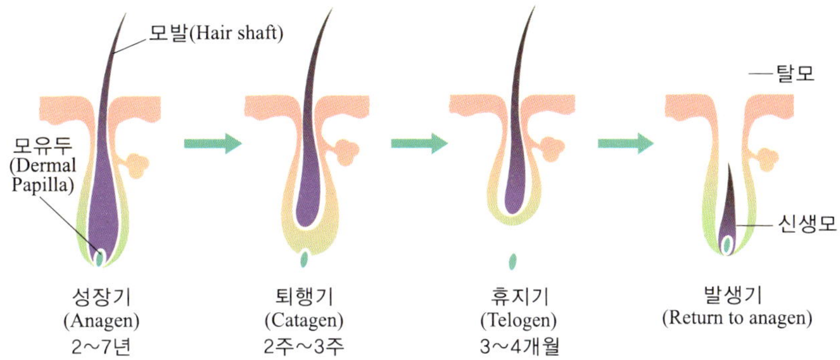

그림 1-11 모발의 성장 주기

1. 성장기anagen

성장기는 모낭이 진피유두층 또는 피하지방층까지 도달해 있다. 모유두 조직의 활동이 왕성하여 모모세포의 분열증식이 매우 왕성해 모발이 빠르게 성장하는 시기이다. 퇴화기가 될 때까지 자가 성장을 계속하며 전체 모발의 약 85%를 차지한다. 이 시기의 모발은 하루 평균 0.35~0.4mm씩 자라며, 한 달에 약 0.9~1.5cm 정도 자란다. 모발 성장은 개인의 건강상태, 유전적 요인, 영양섭취, 비타민, 연령, 계절, 질병의 유·무에 따라 달라지기도 한다.

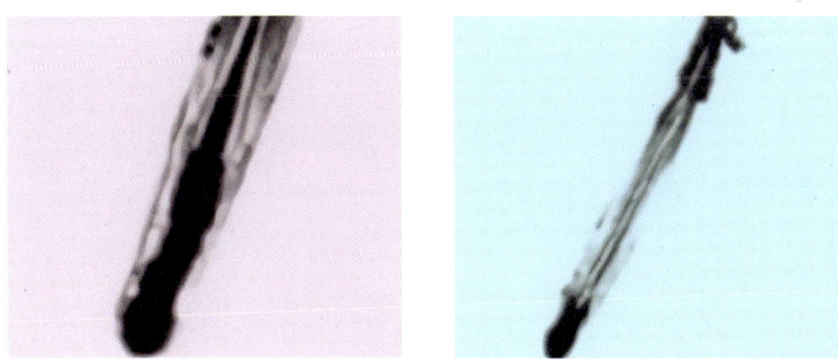

그림 1-12 성장기 모근과 퇴행기 모근

2. 퇴화기catagen

퇴화기는 퇴행기, 쇠퇴기라고도 하며 성장기를 지난 모발이 차츰 퇴화기를 맞아 대사과정이 느려지는 시기이다. 멜라닌의 생산도 정지되며 모모세포에서 세포분열이나 증식이 감소되다가 결국 모발성장이 정지된다. 모낭하단이 진피내에 위치하는 경우가 많으며, 모포외 대부분의 세포는 위축하기 시작한다. 모구는 점점 가늘어지면서 기모근이 시작되는 부위 아래까지 모근은 단축되며 휴지기로 접어든다. 퇴화기 기간은 약 1~2개월이며, 전체 모발의 약 1% 정도에 해당된다.

3. 휴지기telogen

휴지기는 모발의 성장이 정지되는 정기기이며, 새로운 모발이 발생되는 시기이다. 퇴화기를 지난 모발이 두피에 3~5개월 남아있으면서 모낭하단부의 모구가 작아지고 모구의 상부가 가늘고 긴 세포가 되면서 밀려나가 모발이 빠지는 기간이다. 건강모의 뿌리 끝은 종형이고 자연탈모는 곤봉 모양이다. 모유두는 흔적을 남기고 모낭은 차츰 위축되며, 모근은 점차적으로 밀려 올라가 자연탈락하게 된다. 그러는 사이 모유두는 다시 활동을 시작하여 새로운 모발이 생성된다. 전체모발의 약 10~15%에 해당되며 샴푸나 움직임, 브러싱 등에 의해 쉽게 빠진다.

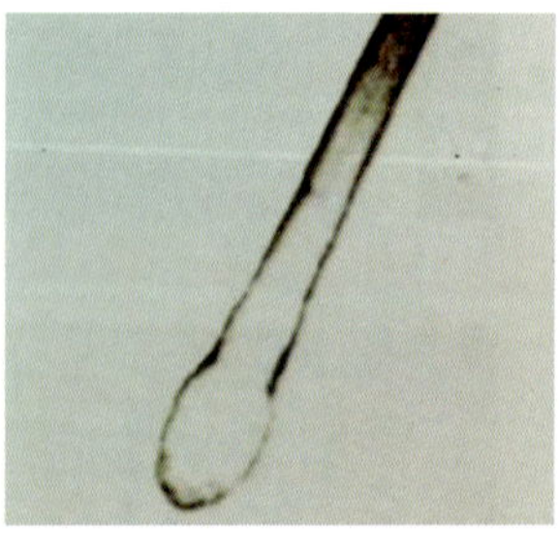

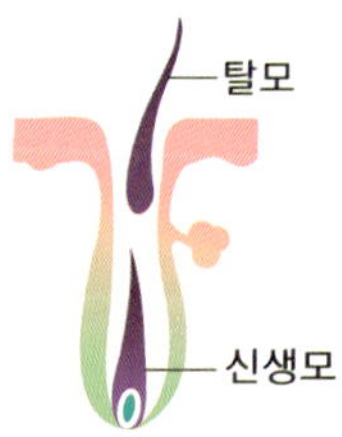

그림 1-13 휴지기 모근과 발생기 모근

4. 발생기new anagen

발생기는 모낭에 쌓여있던 모구부와 모유두가 결합하여 새로운 모발을 성장시키는 시기이다. 새로운 모발은 휴지기의 모발을 위로 밀어 올리면서 성장해가며 휴지기 모발을 자연탈락(탈모)시킨다.

인간의 모발은 이렇게 독립된 주기를 가지며, 일생동안 성장과 탈모를 약 23~25회를 반복하는 것으로 알려져 있다.

4. 모발의 분류

1. 굵기에 따른 분류

(1) 연모

연모는 부드러운 털을 의미하며, 취모와 연모가 있다. 취모는 배냇머리라고도 하며, 태아와 신생아에 존재하는 부드럽고 가늘며 연한 색의 솜털이다. 연모는 손바닥, 발바닥, 입술, 유두 등을 제외한 피부 대부분을 덮고 있으며, 짧고 섬세하며 부드러운 솜털로 잔털이라고도 한다. 신체부위에 따라 성장하며 2차 성징을 나타내는 성모로 바뀌는 곳도 있다. 취모와 연모 모두 모수질이 존재하지 않는다.

(2) 경모

경모는 단단한 털을 의미하며 두발, 수염, 눈썹, 속눈썹, 겨드랑이 털, 음모, 코털, 귀털 등이 있다. 이러한 경모는 각각의 위치에서 인체를 보호하는 역할을 한다.

2. 길이에 따른 분류

(1) 장모

장모는 비교적 긴 모발을 의미하며, 인체에서 두발, 수염, 겨드랑이 털, 음모 등이 해당된다. 딱딱한 경모에 해당되며 인체를 보호하는 역할을 한다.

(2) 단모

단모는 비교적 짧은 모발을 의미하며, 인체에서 눈썹, 속눈썹, 코털, 잔털 등이 해당된다. 잔털은 연모에 해당되고 나머지는 경모에 속하며, 모두 인체를 보호하는 역할을 한다.

3. 형태에 따른 분류

모발은 인종이나 개인에 따라 형태가 다르며, 발생부위에 따라서 형태가 다를 수 있다. 모발형태는 직모, 파상모, 축모로 분류하지만 아직 명확한 기준은 없다.

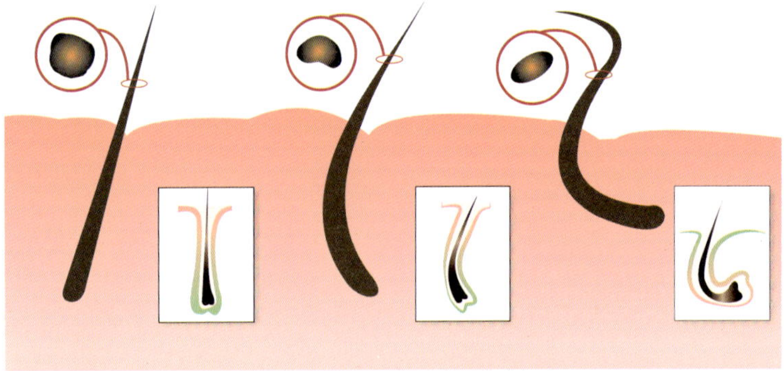

그림 1-14 모발 형태의 분류

(1) 직모straight hair

직모는 모발단면이 둥근 원형에 가까우며 일반적으로 황인종에게 많다. 직모는 모낭의 형태가 비교적 곧아 모발이 직모로 자라는 것이다.

(2) 파상모curly hair

파상모는 모발의 굵기가 일정하지 않으며, 모발단면이 타원형이고 웨이브가 있는 곱슬머리를 말한다. 일반적으로 백인종에게 많으며, 모낭의 형태가 직모보다 약간 구부러져 있다.

(3) 축모kinky hair

축모는 모발단면이 편평형에 가깝고 몹시 곱슬거리며 흑인종에게 많다. 축모는 모낭의 형태가 구부러져 있으며, 털의 성질이 단단하여 퍼머나 염색 등의 미용 상의 처리도 어렵다.

5. 모발의 특성

1. 모발의 물리적 특성

(1) 흡습성

모발은 습한 공기에서 수분을 흡수하고 건조한 공기에서는 수분을 발산하는 흡습성이 있다. 흡습성은 모발의 인장강도, 신장률, 탄성, 대전성 등 여러 가지 물리적, 화학적 성질에 영향을 미치며, 일시적 헤어스타일링에도 영향을 준다. 일반적으로 건강한 모발은 10~15%의 수분을 함유하고 있으며, 드라이기로 건조한 후에는 약 10% 내외이다. 샴푸 직후에는 약 30% 정도 함수율을 보이며, 모발손상에 의한 다공성 정도에 따라 함수율은 달라질 수 있다.

흡습성은 염색이나 펌에 영향을 줄 수 있는데, 다공성의 상태에 따라 화학약품의 흡습에 영향을 주며 염색 색조나 펌의 웨이브형성 등이 고르게 나타나지 않아 원하지 않은 결과를 나타낼 수 있다.

(2) 탄력성

모발의 탄력성은 모발을 잡아당겼을 때 원래 상태로 되돌아가려는 성질을 말하며, 모피질의 두께와 건강상태에 따라 달라진다. 탄력성은 코일모양의 α-나선형α-helix구조를 가진 케라틴이 당긴 힘에 의해 β-병풍구조β-pleated sheet가 되었다가 다시 α-나선형으로 되돌아가는 것이다. 그러나 너무 심하게 잡아당겨 한계점을 넘어서면 끊어지게 되는데 이곳이 인장강도 지점이다. 모발은 모발길이의 1/3~1/2까지 늘어나는데, 건강모는 약 20%, 젖은 모발은 50~60%, 펌제가 도포된 경우는 약 70%까지 늘어난다.

탄력성이 좋은 모발은 상대적으로 두껍거나 건강한 것을 의미하며, 펌이나 염색 등의 화학약품 선정기준이 되기도 한다. 탄력성 있는 모발은 웨이브가 탄력이 있으며, 유지기간도 비교적 길다.

펌의 경우 펌 제의 흡수와 팽창에 직접적인 영향

Check Point

- 펌 후에는 탄력성이 약 5~20% 감소. 이것은 환원단계에서 이황화결합의 약 2%가 파괴되기 때문.
- 환원제의 수용액에서 모발섬유를 펴는 것은 이황화결합, 수소결합의 파괴와 분자의 재배치 때문에 탄력성 감소. 환원된 모발에 대한 산화제중화제를 도포해 줌으로써 다시 탄성이 증가하며, 원래 모발의 탄성에 근접. 펌 제 사용한 상태에서 탄력성 손상은 모표피의 손상이 아니라 모피질의 손상이다.

(3) 팽윤성

팽윤이란 어떤 물체가 액체를 흡수하여 그 본질은 변하지 않고 체적을 늘이는 현상을 말한다. 모발의 주사슬이나 곁사슬의 수소결합과 이온결합은 물에 의해 절단됨으로써 늘어지며 탄력을 잃게 하는 원인이 된다. 즉 α-나선형 구조가 풀리거나 수산기,

아미노기, 카르복실기 등의 작용기와 물 분자가 흡착되어 그물구조가 되어 부풀리게 된다. 그러나 물분자가 감소하거나 없어지면, 수소결합이나 이온결합에 의해 다시 원래의 상태로 되돌아간다.

모발의 결정영역은 섬유들이 촘촘하게 규칙적으로 배열되어 수분침투가 어려워 팽윤되기 어렵다. 하지만 비결정영역은 비교적 섬유 간에 느슨하게 배열되어 수분의 침투가 용이하며 팽윤되기 쉬워서 모발이 길이방향 보다는 횡단면방향으로 팽윤되는 것이다.

모발을 물에 담그면 길이는 약 1~2% 늘어지고, 굵기는 약 12~15% 정도 굵어지며, 중량은 약 30~40% 증가한다. 모발의 팽윤도는 물 이외에도 pH, 온도, 모발의 건강상태, 흡착 및 흡수물질 등의 여러 가지 조건의 영향을 받는다. 모발에 사용되는 샴푸 및 린스제, 펌제, 염색제, 탈색제 등 사용되는 제품에 따라 모발팽윤도 차이가 있는 것은 pH가 다르기 때문이다. 모발이 안정한 상태인 등전점(pH 4.5~5.5)에서 모발팽윤도가 가장 낮고, 알칼리성에서 팽윤도가 가장 높다. 모발은 등전점보다 산성인 상태에서 팽윤도가 다소 높아지지만 단단해지며 응고되다가 pH 2 이하에서는 용해된다. 알칼리성 상태에서는 알칼리도의 증가에 따라 모발이 유연해지고 팽윤도도 높아지다가 pH 11 이상에서는 급격하게 팽윤되며 용해된다.

(4) 열변성

열변성은 열에 의해 모발이 변하는 성질을 말하며, 건열과 습열의 영향이 다르게 나타난다. 건조한 모발은 비교적 열에 강하지만, 젖은 모발은 열에 의해 케라틴의 가수분해와 구조변화 등의 손상을 받는다.

산과 알칼리가 높은 화학약품에 젖은 모발에 열을 가하면 큐티클의 손상으로 인해 간충물질이 유출되어 모발의 다공화로 손상이 촉진된다.

건조한 모발에 열을 줄 경우 120℃ 전후에서 팽화되고, 130~150℃ 전후에서 변색되기 시작한다. 그리고 150℃ 전후에서 시스틴 감소가 일어나고, 180℃ 전후에서 α-케라틴이 β-케라틴으로 변하며, 270~300℃에서 열분해 된다. 그러나 이미 80~100℃에서부터 강도는 약해지기 시작한다.

젖은 모발은 100℃ 전후에서 시스틴이 감소하고 130℃ 전후에서 α-케라틴이 β-케라틴으로 변하는 케라틴 단백질의 구조가 일어난다. 그러므로 모발은 건조한 상태보다는 젖은 상태에서 열에 의한 손상이 더 크다고 할 수 있다.

(5) 광변성

광변성은 모발이 태양광에 의해 변하는 성질을 말하며, 태양광에 의한 광변성은 자외선에 의한 것이다. 모발에 영향을 미치는 광선은 적외선과 일부의 자외선이다.

적외선은 760~1500㎚의 파장을 갖는 열선으로 열을 발생시킨다. 두피 및 모발관리에 응용되는 열선이지만, 화학약품에 젖은 모발에 장시간 노출하면 화학반응 촉진을 과하게 하여 모발손상을 유발할 수 있다.

자외선은 100~400㎚의 파장을 갖고 있으며, 열이 없기 때문에 냉선 또는 화학반응을 하기 때문에 화학선이라고도 한다. 자외선은 피부나 모발에 영향을 미치는 광선으로 장시간 노출되면 시스틴과 멜라닌을 파괴시켜 모발 색상변화와 손상을 가져온다. 자외선에 장시간 노출된 모발은 컬의 형성력이 낮고 쉽게 풀리는 현상을 볼 수 있는데, 이것은 모발을 구성하는 케라틴 단백질의 변성 때문이다.

Check Point

- 고온의 상태에 노출된 실외 근로자나 해안 거주자 등에서 펌이 잘 형성되지 않고 늘어나는 원인은 자외선에 의한 모발 케라틴의 변성으로 볼 수 있다.

(6) 대전성

모발의 대전성은 정전기를 띠는 성질을 말한다. 모발의 대전성은 양극성을 가진 아미노산으로 만들어진 경단백질로 되어 있어서 마찰전기를 일으키기 쉽고 만들어진 전기가 머물기 쉬운 성질을 가지고 있기 때문이다. 건조한 모발을 빗으면 모발은 (+)전기를 띄고, 빗은 (−)를 띄어 모발끼리는 반발하고 빗에는 붙게 된다. 모발에 정전기가 심하면 모발의 (+)전기가 모근부로 흘러가 모유두에서 쇼트를 발생시켜 탈모의 원인이 될 수도 있다.

이러한 정전기를 방지하기 위해서는 실내에 적당한 습도를 유지하고 모발에 수분을 보충하며 모발화장품을 사용하는 것이다. 모발정전기 방지제는 양이론 계면활성제를 사용한 린스제, 비이온 계면활성제를 사용한 헤어 트리트먼트제, 습윤제를 사용한 정발제 등이 있다.

2. 모발의 화학적 특성

모발은 약 18종의 아미노산으로 이루어진 경케라틴hard keratin이라는 단백질이 80~90%를 차지하며, 나머지는 멜라닌, 지질, 수분, 미량원소 등으로 구성되어 있다. 모발의 케라틴을 구성하는 원소는 탄소carbon, C가 약 51%, 수소hydrogen, H가 약 6%, 산소oxygen, O가 약 21%, 질소nitrogen, N가 약 17~18%, 황sulfur, S이 약 5% 이다.

모발은 아미노산의 펩티드 결합에 의한 고분자 화합물로써 주사슬main chain, 주쇄 결합과 곁사슬side chain, 측쇄 결합에 의한 결합으로 구성되어 화학적 특성을 갖는다.

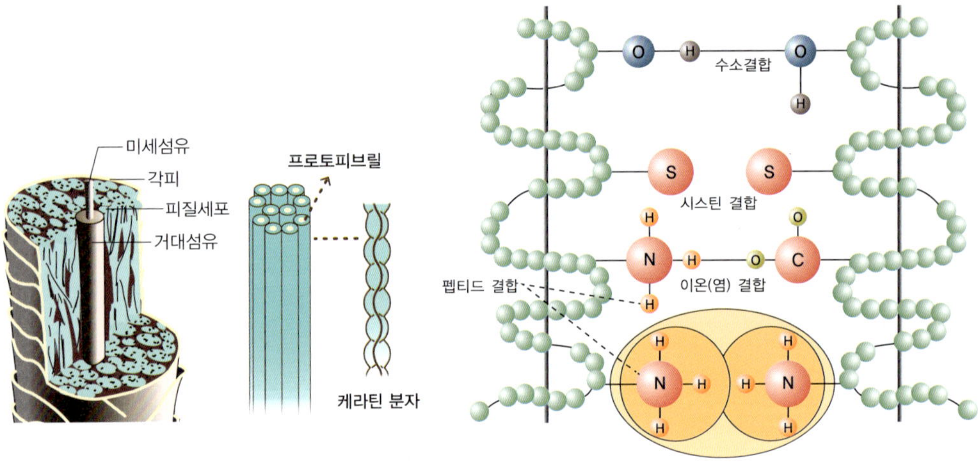

그림 1-15 모발의 화학적 특성

(1) 주사슬main chain, 주쇄 결합

주사슬은 주쇄 결합이라고도 한다. 주사슬은 아미노산이 펩티드결합으로 연속되어 이어지고 폴리펩티드polypeptide사슬이 되며, 이것이 주로 공간적인 구조로 만들어진 것이다. 폴리펩티드사슬 내에서 연속하여 인접한 아미노산잔기의 공간적 배열은 α-나선형α-helix구조와 β-병풍구조β-pleated sheet이다. 모발이 자연적 상태일 때는 α-나선형구조이지만, 잡아당기면 β-병풍구조가 된다. 모발은 α-나선형구조의 단백질이 서로 꼬여서 생성되는 고분자이며, 주사슬과 주사슬사이에 여러 가지 화학결합에 의하여 가교를 형성한다.

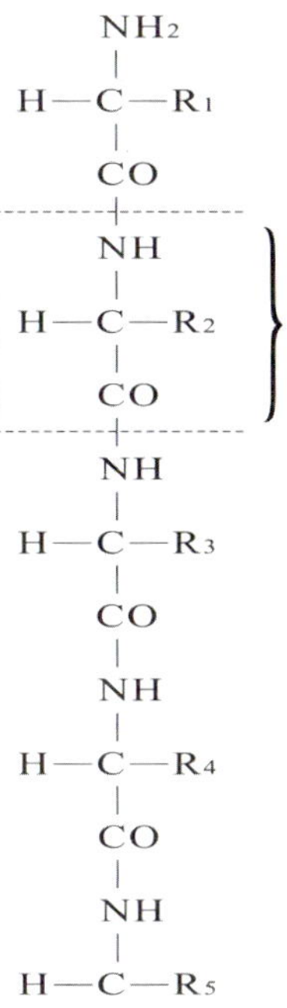

그림 1-16 폴리펩티드 구조

(2) 곁사슬side chain, 측쇄 결합

곁사슬은 측쇄 결합이라고도 한다. 곁사슬은 주사슬과 주사슬 사이의 가교cross-linking를 형성하며 강도와 탄력성 등 여러 가지 물리적, 화학적인 특성을 갖는다. 곁사슬은 시스틴 결합, 이온결합염결합, 수소결합, 펩티드 결합, 소수성 결합 등이 있다.

① 시스틴결합cystine bond

시스틴결합은 이황화결합disulfide bond, 황 결합이라고도 한다. 시스틴결합은 황S을 함유한 특유의 것으로 케라틴을 특징 짓는 결합으로 시스틴의 함량에 따라 부드러움과 딱딱함의 정도가 달라지다. 아미노산 중에서 시스테인이 산화반응에 의해 시스틴 결합이 형성되며 퍼머넌트 웨이브를 유지시키는 결합이다.

② 이온결합ionic bond

이온결합은 염결합salt bond이라고도 하며, 아미노산의 잔기 중에서 음이온성과 양이온성 아미노산의 정전기적인 인력에 의해 형성된 곁사슬이다. 라이신 또는 아르기닌 잔기의 +로 하전된 암모늄이온과 아스파라긴산 잔기의 -로 하전된 카르복실이온 간의 정전기적인 결합이다. 모발의 등전점인 pH 4.5~5.5에서 결합력이 가장 강하며, 물이나 산과 알칼리에 의해 쉽게 파괴된다.

③ 수소결합hydrogen bond

수소결합은 아미드기와 그것에 인접한 카르복실기 사이의 결합이며 2차 단백질구조를 유지하는 결합이다. 모발이 건조한 상태보다 물에 젖었을 때 쉽게 늘어나는 것은 수소결합 때문이다. 일시적 웨이브인 블로우 드라이나 아이론 등은 수소결합에 의해 가능한 것이다.

표 1-2　결사슬과 미용과의 관계

	절단	결합	미용
시스틴결합 (이황화결합)	• 티오글리콜산 • 시스테인 등에 환원	• 과산화수소 • 브롬산 나트륨 등에 산화	• 퍼머넌트 웨이브 • 곱슬머리 교정
이온결합 (염결합)	• 등전대외의산과 알칼리 용액 • 수분	• 등전대로 돌려줌 (예, 산성린스 등)	• 블로우 드라이 • 세팅 • 퍼머넌트 웨이브
수소 결합	• 수분 • 텐션	• 건조 • 텐션 제거	• 블로우 드라이 • 아이론 • 세팅

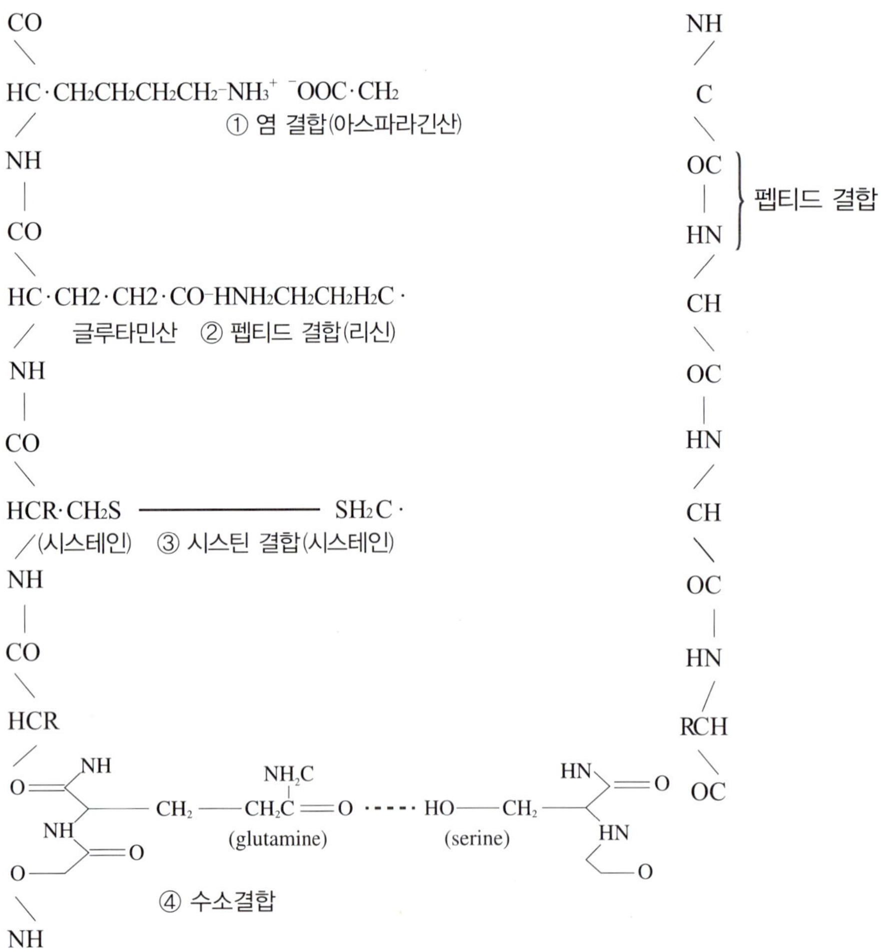

그림 1-17　측쇄 결합

단원평가

모발학에 대하여 알게 되었는지 확인해 봅시다!

▶ 서술형 시험

1. 모발의 정의를 쓰고 모발구조를 모근과 모간으로 나누어 간략하게 요약 서술하시오.

2. 모발의 성장주기에 대하여 간략하게 요약 서술하시오.

3. 모발의 물리적 특성에 대하여 간략하게 요약 서술하시오.

4. 모발의 화학적 특성에 대하여 간략하게 요약 서술하시오.

memo

Chapter. 2

블로우 드라이

Blow-dry

1. 블로우 드라이의 정의

1. 개념

블로우 드라이란 살롱에서 핸드 드라이hand dryer와 브러시brush 등을 사용하여 고객이 만족한 헤어스타일을 창조해 내는 마무리 작업이다. 헤어 커트, 퍼머넌트 웨이브, 헤어 컬러링 등의 미용 시술의 형태가 만들어진 스타일을 마무리하기 위하여 미용 업무에서의 가장 기본적이면서도 완벽함을 요구하는 중요한 테크닉이다. 블로우 드라이 시술의 3대 요소인 'Natural, Active, Clean'의 이니셜을 따서 NAC(나크)라는 약자로 표현하기도 한다.

또한 헤어 스타일링을 하기 위한 가장 기본적이면서도 완성도가 높은 중요한 테크닉으로, 열과 바람을 이용해 모발을 선소시키고 형태를 보완하거나 새로운 형태로의 연출을 꾀하는 작업이다. 한 번의 작업으로 젖은 모발을 건조시키고 스타일링까지 할 수 있는 테크닉으로써 시간이 절약되며 헤어스타일을 아름답게 연출해 준다. 블로우 드라이는 최소의 작업으로 최대의 효과를 주고, 부드럽고 자연스러운 헤어스타일을 구성해 주며 다른 도구와의 병용에 의해 효과는 더 커지게 된다.

2. 목적

블로우 드라이의 사전적 의미를 살펴보면 '드라이기로 머리를 매만지기'라는 뜻을 가지고 있다. 블로우 드라이는 일시적인 세트로써 헤어스타일링을 하기 위한 가장 기본이면서도 완성도가 높은 유용한 시술이며, 드라이기의 열풍과 냉풍을 이용해 모발을 선소시키면서 두형을 보완하거나 각종 헤어스타일의 형태를 보완하여 새로운 형태로 연출할 수 있는 작업으로 정의할 수 있다.

한 번의 작업으로 모발을 건조시키고 스타일까지 연출할 수 있으므로 시간 절약면에서 효율적이다. 짧은 시간 내에 조형적이면서 자연스러운 질감을 표현하기 위하여 드라이어로 건조시키고, 핸드 드라이어(콤 드라이어, 적외선 드라이어)와 각종 브러시를 사용하여 텐션에 의한 모류의 윤기, 방향, 볼륨감 등을 원하는 형으로 만들어준다. 또한 외부자극에 의한 손상으로 손실된 모발의 윤기와 탄력을 단발적으로 재생할 수 있다.

장점	단점
• 스타일이 자연스러움 • 모발의 흐름을 정리(모발 윤기) • 빠른 시간 건조 • 웨이브 강약 조절 가능 • 시술 도중 결과 확인 가능	• 정확한 열과 수분 관리를 하지 않으면 모발 손상 및 스타일링이 완성되지 않음 • 테크닉 필요

블로우 드라이는 드라이기의 열풍, 온풍, 냉풍을 이용해 커트나 퍼머 등의 스타일에 완성도를 높이고, 그 밖에 연출하고자 하는 헤어스타일의 이미지를 빠르게 만들 수 있으며 헤어스타일과 아름다움을 최대한으로 표현하는 것이다.

3. 블로우 드라이의 원리

수분이 함유되어 있는 모발에 드라이기의 열풍, 온풍, 냉풍을 활용하여 일시적으로 모발구조에 변화를 주어 스타일링을 형성하는 방법이다.

모발에 물이 닿으면 모발 내부의 측쇄결합 중에서 수소결합과 염결합이 일시적으로 끊어지고 마르면 다시 재결합이 이루어진다. 이런 원리를 기본으로 드라이기의 열풍과 온풍으로 모발의 수분을 증발시키면서 물리적인 힘을 가해 새로운 형태로의 모양을 만든다. 이때 수소결합과 염결합의 재결합으로 새로운 형태가 만들어져 고정되며, 그 형태 변화는 스트레이트, 웨이브, 컬 등이 된다.

그러므로 새로운 헤어스타일링을 하거나 헤어스타일링 후에 수정이 필요한 경우에는 반드시 모발에 적당한 수분공급이 필요하다.

2. 블로우 드라이의 역사

1. 우리나라 블로우 드라이의 역사

(1) 개화기

개화기에 서양의 문화를 추구하는 학생들이 유행을 주도하였고 예전의 우리나라 머리스타일과는 다른 형태의 머리스타일이 성행하였다. 여자들은 주로 머리스타일과 신발에 신경을 썼다.

1920년도에 성행하기 시작한 미디엄스타일이 오래 유행하였고, 1933년에 열도구인 아이론과 롤(셋트), 퍼머넌트 웨이브가 도입되어서 웨이브스타일인 미디엄(단발) 스타일이 성행하였으며, 이화학당에서는 단발이 유행하여 일반인 여성들까지 전파되기도 하였다. 1937년에는 핀컬파마가 젊은 여성들 사이에 유행하였고, 광복 이후부터 일제 말기에 금지되었던 퍼머스타일이 다시 유행되기 시작하였다. 일제 말에 금지됐던 웨이브머리가 재등장하였는데 이는 1876년 강화도조약 후 우리나라가 외국 문화를 본받아 기존의 봉건적인 사회를 타파해 근대 사회로 바뀐 영향 때문이다.

(2) 1940년대

우리나라는 1945년 8월 15일 광복을 맞이하면서 민주국가로 성장하여 남녀평등과 여성의 교육에 대한 관심이 높아졌다. 이 시대의 헤어스타일은 롤(셋트)와 아이론을 사용해 웨이브를 이용하는 머리스타일을 주로 하였다. 펌 스타일은 영화배우와 기방에 있는 여자들이 유행을 주도하였고, 머리스타일은 앞머리는 짧게 하여 위로 둥글게 말아 올린 링고형이 주류를 이루었다.

(3) 1950년대

1950년대는 6.25전쟁으로 인하여 경제적인 이유로 여자들의 사회진출이 활발해졌고 전쟁 후 유엔군이 주둔하면서 외국 문화의 도입이 활성화되었다. 그로 인하여 외국 잡지나 영화가 들어오고 사회가 안정되면서 서양의 패션이 일반여성에게 유행돼 전기 퍼머넌트 웨이브, 콜드 퍼먼너트 웨이브 등 여러 가지 머리스타일이 소개되었으며 오드리 햅번 스타일과 숏 스타일, 수잔 헤이워드, 리타 헤어워드의 웨이브 진 긴 머리 스타일과 말꼬리 모양의 포니테일 스타일이 성행하였다.

머리형은 끝부분을 바깥쪽으로 향하게 하는 소도마끼(아웃 컬), 안쪽으로 향하게 하는 우쭈마끼(인컬)를 주로 많이 하여 헤어스타일에 개성이 없었다.

1955년에는 말꼬리 모양과 같이 묶은 스타일이라 하여 포니테일 스타일이라고 이름 붙여진 머리스타일이 유행하였고, 1956년에는 로맨스 스타일이 성행하기도 했다.

(4) 1960년대

1960년대는 헤어스타일에 변화가 가장 많았다. 이 시기에는 귀 양끝이 뾰쪽하게 뻗치게 커트한 로켓 라인을 이루는 세실커트가 성행하였고, 4.19와 5.16을 지나 경제개발과 국제교류가 증가하면서 패션과 머리스타일을 중요시하였다. 1965년경부터 부분 가발이 제작되기 시작하여 유행하였고, 머리모양은 더욱 더 다양해졌으며 여자대학가에서 불파마와 아이론에 금박지를 싸서 머리모양에 힘을 주거나 웨이브를 주기도 하였다. 또 동양인의 큰 두상 크기와 뒤통수가 납작한 단점을 커버하기 위해 다양한 형태의 커트와 블로우 드라이가 유행하기 시작한 시대이며, 고전적인 업스타일과 현대적인 디자인을 합한 듀오 라인이 유행하기도 하였다.

1966년에는 남자처럼 아주 짧은 머리를 많이 하였고 1967년에는 조형미를 이루는 여러 층으로 커트하는 기하학적 헤어커트와 바가지머리의 헤어스타일이 유행하였다.

(5) 1970년대

1970년대 전반기는 뒷목덜미 부분을 긴 섀기커트(거지커트)가 유행하였다. 또한 오일쇼크로 인한 경제 불황으로 여성의 사회진출이 성행해 손질이 편한 자연스런 웨이브의 바디 퍼머와 머리 끝단만 웨이브를 주는 상고단발의 헤어스타일이 유행하였다. 아울러 재미교포 미용사 홍계남에 의해 블로우 드라이가 소개되었고, 편하고 빨리할 수 있는 블로우 드라이를 이용한 머리스타일의 유행으로 아이론과 셋트롤을 이용한 웨이브의 헤어스타일은 차츰 줄어들었다.

비달사순 커트의 도입으로 머시롬 커트 머리스타일과 다양한 컷 스타일에 자연스런 머릿결의 스타일을 선호하였다. 이 시기는 우리나라에서 커트의 개념이 긴 머리카락을 커트한다는 것에서 모발을 각도에 입각해 기하학적으로 커트한다는 개념으로 완전히 정립된 시기이다. 전반기에는 커트가 유행을 했던 시기였고, 내츄럴 헤어스타일이 주류를 이루었다. 그리고 남성들은 긴 장발과 청바지 문화가 새로운 서양 스타일로 나타났다.

(6) 1980년대

1980년대는 세계 각처의 전쟁과 에너지 파동으로 여성의 사회활동이 활발해지고 생활수준이 향상되었던 시대로 단정하고 딱딱한 고정된 헤어스타일에서 머릿결이 자연스럽게 움직이는 듯한 보브스타일이 유행해 외국의 유행을 따랐다. 보브스타일은 뒷목의 긴 솜털이나 머릿결을 밀어 올리고 앞머리는 웨이브를 줘 단발의 끝 라인이 턱 끝 위로 올라오게 한 헤어스타일이다. 보브스타일 등 커트와 퍼머넌트 스타일이 유행해 여러 가지 블로우 드라이 헤어스타일이 생겨난 시대이다. 머리스타일이 클리퍼(바리캉)가 시작된 시기이며 여자들의 숏 커트를 고슴도치처럼 표현하는 머리스타일을 한 시기이다. 1980년대 중반에는 웨이브스타일에 싫증난 젊은 여성들에게서 스트레이트 파마와 풀어헤친 듯한 웨이브 헤어스타일의 파마가 유행했고 무스, 젤, 스프레이를 이용한 앞머리를 닭벼슬처럼 높게 세우는 헤어스타일이 유행하였다.

(7) 1990년대

1990년대 초반은 레이저를 이용한 모발 끝을 가볍게 하는 커트의 헤어스타일이 성행해 퍼머넌트웨이브와 아이론의 유행이 점차 줄어들었다. 1960년대 복고풍으로 돌아가 로맨틱 보브라는 크라운 부위에 퍼머로 둥글게 양감을 살리면서 앞부분은 롤 스트레이트를 하여 자연스런 움직임이 있는 스타일이 유행하였다.

중반에는 세팅과 아이론으로 머리끝을 바깥과 안으로 말은 복고의 여성스런 헤어스타일과, 가위로 자유분방하고 불규칙하게 커트한 개성스런 머리스타일이 유행하였다. 복고의 머쉬룸 커트가 다시 유행했고, 퍼머넌트의 아이론을 사용해 웨이브를 한 헤어스타일이 재등장하기도 하였다.

1990년대에는 패션이 빠르게 유행하고 개성을 강조하는 풍조가 정착되는 시대였다. 컴퓨터의 일반화로 정보화 시기가 되어 여러 매체들이 다양한 헤어스타일을 소개하면서 자신의 개성에 맞는 헤어스타일이 확립되는 시기가 되었다.

1994년도에 젊은 여성들은 밴드와 핀을 이용해 헤어스타일에 포인트를 주거나 머리 전체나 일부에 블리치를 해 각기 자신의 취향에 맞는 염색 색깔로 다양한 헤어스타일을 창조하였다. 연예계나 첨단의 멋을 아는 여성들은 가발을 이용해 자기의 개성에 맞춰 자신만의 변화를 추구하는 헤어스타일이 유행하였다.

(8) 2000년대 이후

2000년대는 산업화된 여성들의 사회 진출 영향으로 삶은 더 윤택해지고 의료수준의 발달로 평균수명이 늘어나게 되면서 노년층은 증가했고, 출산율은 내려가는 현상으로 유년층인구가 감소한 시기이다. 이 시기는 초, 중반에는 웨이브가 있는 헤어스타일의 롱 레이어 머리스타일과 레자를 이용한 샤기커트가 유행하기 시작하였고 현재에 이르러 여러 가지 머리스타일로 자신만의 개성을 표현하는 시기가 되었다.

긴 생머리만을 고수하던 세계 최고의 모델 케이트 모스가 루이비통의 S/S 컬렉션에서 획기적인 상고 단발을 선보였고 샤넬, 이브생로랑, 미우미우, 니나리찌 등에서도 미디엄 스타일의 단발 스타일을 선보였다. 스트레이트 단발 스타일을 생각한다면 오산이고 단발 스타일은 고정관념을 깬 뉴버전으로 등장하였다.

2. 서양 블로우 드라이의 역사

(1) 고대 이집트기원전 3000년~기원전 30년

① 남녀삭발, 가발착용, 노예는 단발

② 가발재료 : 상류층=깃털, 일반인= 파피루스

③ 크레푸트(머리수건 착용) : 왕과 여왕이 착용, 청색과 황색의 줄무늬

④ 왕의 권위 : 독수리 뱀머리

⑤ 크치프 : 평민은 마직물로 만든 간단하고 장식이 없는 머리수건

⑥ 식물성 염모제인 헤나를 사용하여 모발을 염색함

⑦ 더운 기후로 인해 목욕과 향유가 발달

(2) 고대 그리스 로마시대

① 메이크업 일반화

② 백납을 발라 피부 표현

③ 착색과 컬을 만듦

④ 공중 목욕탕 발달

⑤ 헤어스타일 : 노랑머리, 머리탈색이 유행

⑥ 신발, 부츠(버스킨 종아리 덮는 높이) 중앙에 끈, 발가락이 보임.

⑦ 로마초기 왕정시기 : 남자들은 머리와 수염을 길렀음.

⑧ BC 3세기경: 머리를 깎고 곱슬거리게 손질함.

⑨ 축제나 결혼식 때 화관을 썼으며 운동경기 승리자에게는 월계관을 씌워줌.

⑩ 로마 여자들의 헤어스타일은 그리스인과 유사하고 앞가르마를 타고 머리카락을 곱슬거리게 하여 양쪽으로 늘어뜨리거나 뒷 중심에서 묶어 위로 올린 형태

⑪ 후기로 갈수록 정교해지고 리본, 화환, 장식망, 진주, 보석 등으로 장식

⑫ 교회를 갈 때에는 기독교 규율에 따라 반드시 베일을 써야 했음.

⑬ 로마인들의 모자는 챙이 넓었으며 원뿔형의 펠트천 모자를 평민이나 노예가 썼음.

⑭ 로마인들이 신는 보편적인 신발을 칼세우스라 부름.

a
b
c
d
e
f
g
h
i
j
k
l

(3) 중세시대

① 기독교 금욕주의 사상의 영향

② 남자는 로마인처럼 앞이마에 머리가 덮이는 짧은 형태의 헤어스타일

③ 여자는 머리를 꼬아 늘어뜨리거나 위로 올려 리본으로 묶는 형태

④ 후기: 여자는 터번이나 베일로 장식

⑤ 흰색이나 자색 베일은 직사각형 모양의 쓰게를 만들고 마 · 면, 견직물을 이용하여 베일을 쓰거나 머리밴드, 관을 함.

⑥ 여자는 양갈래로 땋아 앞가슴 쪽으로 길게 내리거나 머리 뒤쪽에 감아 매었음.

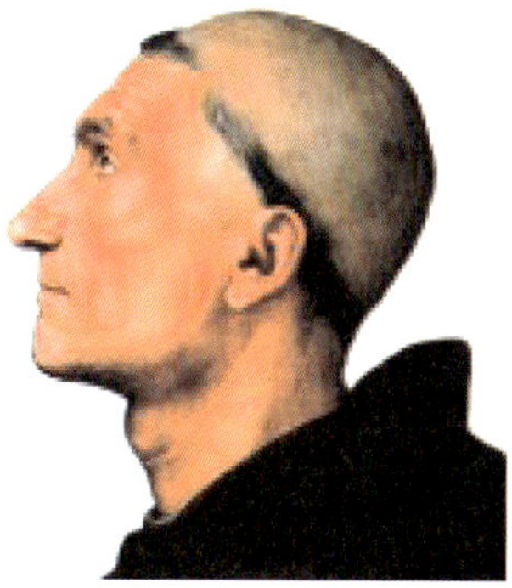

(4) 19세기말

1875년 마셀 그라또우가 철제로 된 기구를 열에 달궈 머리에 웨이브를 만든 것이 아이롱의 시삭이다. 아이론을 사용한 웨이브는 횡거 웨이브와 같은 일시적인 웨이브로 수증기 샴푸를 하는 등 수분과 만나면 웨이브의 형태가 없어지는 것이다.
찰스네슬러: 스파이럴 형식 웨이브, 조셉 메이어: 크로키롤식 웨이브

(5) 1960년대

세계 경제호황으로 대중매체가 발달하였고, 영국의 비달사순의 영향으로 문화의 중심이 뉴욕에서 런던으로 바뀌게 되었다. 비달사순의 기하학적 커트는 젊은 층에서 큰 유행이 되었다. 1966년에는 프랑스에서 브러싱이라고 불린 블로우 드라이가 처음 시작되었다.

(6) 1970년대

1970년대는 에너지 파동으로 인한 경기침체로 여성활동이 확대되었고 소비 패턴 또한 사치하지 않고 합리적인 소비를 했던 시기이다. 블로우 드라이는 이 시기에 롤카 미용실의 원장이 모와누에 의해 브러싱이라는 이름으로 특허를 등록했고 그 해 CLC 바르셀로나 대회에서 아방가르드라고 칭하였다. 1970년대에는 자연스런 롱 레이어 형태와 곱슬머리를 크게 부풀린 어프러 스타일이 성행하였다.

(7) 1980년대

1980년대에는 정보화 시대에 맞추어 다른 나라와의 교류가 활발해지면서 생활영역이 확대되고 생활수준과 소득이 향상되어 수준 높은 삶을 중요시하던 시대이다.

1980년대에는 전문 뷰티살롱이 등장하여 미용시술이 대중화된 시대이며, 가장 대표적인 헤어스타일로는 펑크족들이 하고 다니던 펑크 스타일, 그리고 대머리처럼 삭발을 하고 다니는 스킨 헤드가 있다. 다양한 컬러의 염색이 유행하였으며 자유롭고 개성있는 스타일이 주를 이루었다.

(8) 1990년대

1990년대에는 컴퓨터와 휴대폰의 보급으로 개개인들이 네트워크를 통해 소통을 하는 문화가 형성되었으며 개성이 뚜렷해진 시대이다. 미니멀리즘의 유행으로 두상이 작아 보이도록 하기 위해 과도한 헤어 장식을 피하고 짧은 머리나 긴 생머리, 굵은 웨이브 등 단순한 스타일로 헤어스타일을 연출하였다. 1990년대 후반 비달사순의 커트 트렌드는 서로 비대칭을 길이의 차이를 둔 어시매트릭 커트와 디자인의 연결을 일부러 끊어주는 디스커넥션 커트였다.

(9) 2000년대 이후

여러 가지 다양한 문화가 공존하는 세계화 현상으로 인해 문화의 고유성이 불분명해지고, 개개인의 개성이나 욕구에 맞는 헤어스타일을 연출하기 시작한 시대이다. 미용문화의 발달로 다양한 색깔의 염색이 가능하게 되었고 매 시즌마다 헤어트렌드를 발표하여 유행을 선도한 시기이다.

3. 블로우 드라이 작업 도구

1. 드라이어

(1) 핸드 드라이어hand dryer

핵심 부분인 팬과 그 팬을 작동시키기 위한 모터, 발열기인 니크롬선으로 이루어져 있다. 드라이어 안의 팬 회전에 의해 생긴 바람이 니크롬선에 의해 데워지고 데워진 바람이 출구로 내보내지게 된다. 따라서 필요에 따라 적절히 변환 스위치를 조작하면 열풍, 온풍, 냉풍으로 조절해 가며 사용할 수 있는 기구이다.

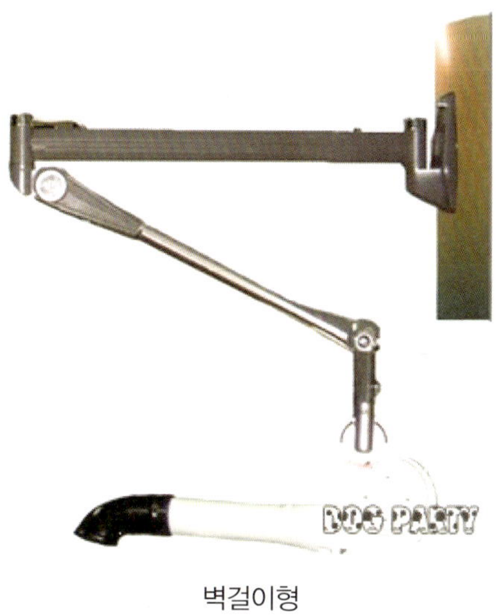

벽걸이형

스탠드형

(2) 적외선 램프 드라이어Infrared lamp dryer

붉은색의 빛이 열을 발생하여 두피의 혈행 촉진과 모발 제품의 흡수를 도와준다. 젖은 모발의 퍼머, 웨이브를 고정 드라이 해준다.

(3) 적외선 후드 드라이어Infrared hood dryer

캡 모양으로 생긴 건조기로 염색, 펌, 트리트먼트 등 시술시 촉진 기구로 사용된다.

2. 브러시Brush

블로우 드라이는 열풍을 이용한 테크닉이므로 사용하는 브러시는 내연성의 재질이어야 한다. 빗살이 거친 합성 재질의 브러시는 헤어의 흐름에 따라 라인을 만들 때와 모발을 건조시킬 때 사용한다. 빗살이 조밀한 천연재질의 브러시는 텐션을 주는 강한 웨이브를 형성시키거나 스트레이트형의 직모를 만들때 적합하다.

(1) 롤 브러시roll brush

크기에 따라 나눌 수 있고 라운드나 컬을 표현하거나 머릿결의 방향성을 만드는 데 아주 중요한 도구이다

Large	긴 머리에 펴면서 윤기 내기에 사용
Medium	긴 머리 머리 끝에 방향을 잡거나 볼륨감을 줄 때 사용
Small	레이어스타일의 S컬, C컬

① 돈모 롤 브러시(roll brush)

모발 손상이 적고 텐션(Tension)이 요구되는 스트레이트 작업에 사용시 모발을 펴주므로 매끈하고 윤기를 부여한다. 빗살은 천연재질인 것이 좋으며 퍼머 모발이나 반곱슬모 등의 결이 거친 모발이 잘 엉키지 않으므로 긴 머리의 스트레이트 스타일링에 적합하다.

모발 손상이 비교적 적으며 텐션이 요구되는 작업에 효과적으로 브러시 재질로 돼지털(豚毛)을 사용한다.

② 혼합모 롤 브러시(roll brush)

컬이나 웨이브를 형성할 때 시술 시간을 단축시켜주며 정전기 발생을 억제시킨다.

③ 나일론(플라스틱) 모 롤 브러시(roll brush)

빗살 간격이 엉성하고 주로 스타일 마무리용으로 사용되며, 생머리의 짧은 모발에 스타일링 할 때도 효율적이다. 긴 모발에 웨이브 만들 때 엉키기 쉬우므로 주의한다.

(2) 유러피언 롤 브러시Europian roll brush

열전도가 빠른 알루미늄으로 되어 있어 자연스러운 컬 연출이 쉽다.

(3) 덴맨 브러시Denman brush

모근을 자연스럽게 세워서 브러시가 가는대로 머릿결의 방향성을 표현할 수 있다.

(4) 에스자형 브러시Sigmoid brush

두상의 둥근 부분을 자연스럽게 표현해 낼 수 있다.

(5) 쿠션 브러시Cushion brush

브러시 바디 부분이 고무판으로 되어 있어 부드러운 스타일을 완성하기에 적합하다.

(6) 정리용 브러시Finishing brush

브러시 자체의 재질이 듬성듬성한 나이론 소재로 되어있어 많은 양의 모량을 잡고 시술해야 한다.

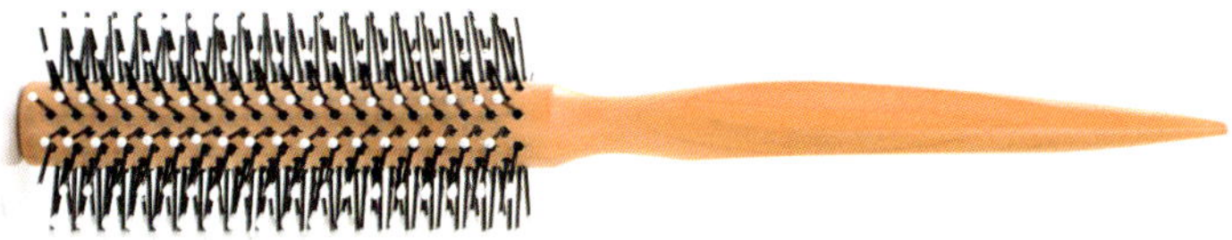

(7) 스타일링 브러시

스타일링 브러시는 헤어스타일 연출 마지막 단계에서 세부적으로 수정을 할 부분이나 자연스러운 연결을 위해 이용하는 브러시로 브러시의 끝부분이 다섯 가닥으로 나눠져 있어 오발 빗이라고도 부른다. 특히 업스타일이나 크리에이티브, 헤어바이나이트 작품을 연출할 때 주로 이용한다.

3. 클립류Clips

(1) 핀클립Pin set

모근의 뿌리 부근을 세우거나 각 섹션의 흔들림을 방지하기 위해 고정시키는 역할을 하여 스프레이하기 직전에 사용되는 도구이다.

(2) 클립Duckbill Clip

드라이 시술 섹션 외 주변의 남은 모량을 고정시키기 위해 사용하며 형태와 크기가 다양하다.

4. 그 밖에 필요한 도구

(1) 분무기

모발에 수분을 보충하는 역할을 한다.

(2) 스타일링용 어깨 보

드라이나 아이론의 뜨거운 열이 고객의 피부에 닿지 않고 옷의 변색이나 오염 등을 막기 위해 사용한다.

(3) 얼굴 가리개

얼굴가리개는 분무를 할 때나 헤어스프레이 등을 분사할 때 얼굴에 묻지 않도록 가려주는 역할을 한다.

4. 블로우 드라이 기법

1. 핸드 드라이어 사용의 올바른 방법

올바른 방법

잘못된 방법

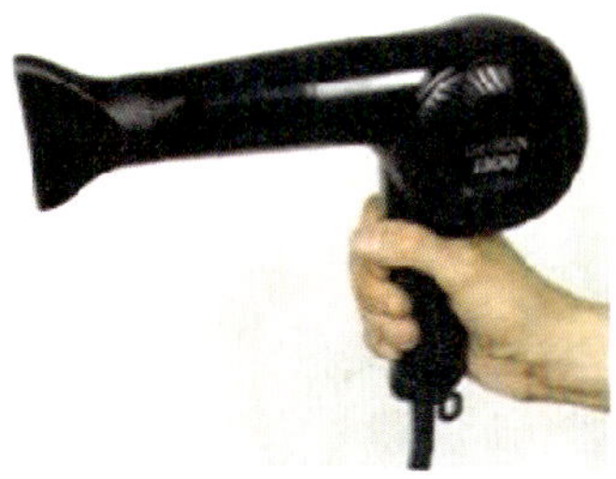

올바른 방법

(1) 손잡이를 잡는 방법

① 전통적인 방법으로 모발의 건조, 나선형의 컬 형성, 스트레이 스타일 등에 쓰인다. 드라이어 무게와 어깨와 모발의 수평 유지로 인해 어깨에 힘이 많이 가해져 쉽게 지칠 수 있지만, 드라이어를 처음 대할 때는 이 방법을 먼저 익힌 후 몸체 부분을 잡는 방법을 사용하는 것이 좋다.

② 핸들을 잡는 경우: 손놀림이 자유롭고 다양한 헤어스타일 연출에 용이하다.

③ 노즐 부분의 보디(Body)를 잡는 경우: 무게 중심점이 낮아져 어깨에 무리를 적게주는 장점은 있으나, 스위치 조작이나 블로 드라이어 사용이 제한적이다.

디퓨서(Diffuser)−원통형노즐

바람이 나오는 원통형 노즐로서 드라이어 본체에 있는 노즐 부위에 끼워 사용하는 것이다.

(2) 몸체를 잡는 방법

드라이어의 사용이 충분히 익숙해진 후 사용하며, 이 방법은 어깨와 손가락에 무리가 적어 직접적인 열풍을 힘있게 줄 수 있다. 정교한 컬 형성, 고운 스트레이트 스타일 형성 등에 충분한 열을 가할 수 있다.

2. 롤 브러시 잡는 방법

롤 브러시를 잡는 방법으로써 바깥쪽으로 머릿결을 뺄 때와 안쪽으로 섹션을 잡아서 굴릴 때 사용하여 손가락에 균등한 힘을 주고 중심을 잡고 일정하게 롤을 돌려준다.

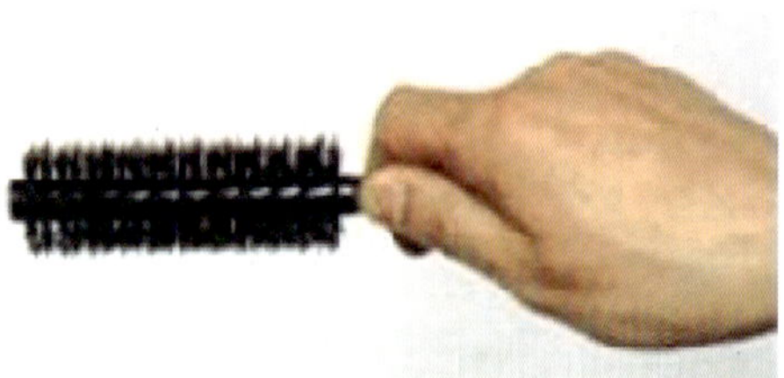

3. 기법

(1) 스트레이트 플랫 기법Straight flat technique

직모 형태의 시술 방법으로 두상의 곡면을 사전에 체크하여야 하며, 모발의 굽어짐이 없도록 모근의 볼륨을 보충한 다음 모선에서 자연 시술각으로 롤 아웃 한다.

섹션을 떠서 모근에 브러시를 넣어 45°의 위치에 드라이기의 노즐을 향하게 하여 일정한 텐션과 일정한 열풍을 쐬어 모선단 쪽으로 2회 정도 내려온 다음, 모근에 브러시를 가져가 2–3회 텐션을 준다. 그 다음은 회전을 시켜 볼륨을 주고 싶은 부분에 열풍을 쐬고 브러시를 회전시키지 않은 채로 하향하여 모선의 끝자락이 보이면 자연 시술각으로 롤 아웃 한다.

(2) 곡선기법Curve technique

머릿결의 방향성을 주기 위한 기법으로써 브러시를 잡은 손목을 회전시키면서 시술하는 기법이다.

커브가 시작되는 부분을 기점으로 브러시를 올려 드라이어의 열풍으로 베이스를 고정시킨 다음 브러시를 돌려 회전하며 미끄러지듯이 롤 아웃 한다.

(3) 와인딩 기법Winding technique

롤 브러시를 이용하여 머리 다발을 뜬 패널을 와인딩하듯이 감는 동작을 말하는 것으로 안정된 5개의 손가락을 잘 이용하여 움직이는 롤링 기법이다.

일정한 섹션으로 모근부터 한번 브러싱을 한 다음에 일정한 텐션으로 모발 끝부분부터 감아 드라이어의 열풍을 바깥쪽 135° 부분부터 일정하게 쐬어 준 다음 안쪽도 같은 방법으로 드라이어의 열풍을 쐬어준다.

동시에 일정한 텐션으로 스트랜드를 감아 나가면서 드라이어의 열풍을 쐬어준다.

(4) 엘리베이션 기법Elevation technique

섹션을 뜬 위쪽에서 브러시로 잡아서 일정한 위치로 올라감에 따라 모발의 결에 서서히 떨어져 겹쳐지면서 부풀어 오르는 연출을 위해서 이용하는 기법이다. 브러시를 거의 수평에 가깝게 회전시키면서 브러시의 각 부분에 걸쳐진 머리 다발에 드라이어의 열풍을 쐬어준다.

(5) 스쿠프 기법Scoop technique

모근의 일어섬을 강하게 한다든지 또는 모발 면을 윤기가 나게 한다든지 할 때 사용하는 기본적인 기법이다.

섹션을 안쪽부터 집어넣어 뜨듯이 패널을 잡는 것이 요령으로 섹션의 모근 부분에 브러시를 회전시키면서 집어넣어 1/4정도 회전시키고 서서히 모발의 면을 드라이가 따라가면서 위로 브러시 아웃한다.

(6) 슬라이딩 기법Sliding technique

모근을 들어주고 스트랜드 방향의 커브 라인을 만들기 위한 기법이다. 모근의 기점이 되는 부분에 브러시를 넣어 스트랜드에 열풍을 주면서 서서히 향하고자 하는 방향으로 브러시 위치를 바꾼 뒤, 커브 라인을 만들기 위한 다운 스템으로 드라이어의 열풍을 주면서 인커브를 시키며 아웃한다.

4. 볼륨을 내는 방법

볼륨을 내고 싶은 부분의 모근 깊숙이 브러시를 넣고 회전시키면서 업 스템의 방향으로 각도를 들어서 서서히 이동시킨다.

5. 머릿결에 윤기를 내는 방법

드라이어는 적당한 간격약1cm을 유지하고, 브러시는 교대로 회전시키면서 패널을 서서히 이동시켜 준다. 단, 머리 끝부분이 빠지지 않도록 브러시를 회전시켜야 윤기가 난다.

6. 베이스Base분류

① 온더 베이스 : 롤 브러시가 섹셔닝한 패널의 중앙에 위치할 때를 말한다.

② 사이드 베이스 : 롤 브러시가 섹셔닝한 패널의 한쪽 라인에 치우쳐 위치할 때를 말한다.

③ 오프 더 베이스 : 롤 브러시가 섹셔닝한 패널 위치를 이탈하여 다른 곳에 존재할 때를 말한다.

7. 도구의 적정 온도

모발은 블로우 드라이어와 아이론 전기세트 등과 같은 전열기에 의해 손상을 입는 경우가 많다. 도구의 적정 온도를 지켜서 사용할 경우 모발에 적당한 광택의 셋팅력을 부여하고 원하는 헤어스타일을 할 수 있다. 블루 드라이어의 경우 90℃ 정도의 온도가 적당하다.

시판중인 블로우 드라이어의 열풍 온도는 60℃~140℃까지 다양하므로 모발 상태와 연출하고자 하는 스타일에 따라 조절하여야 한다. 드라이어 노즐과 모발과의 거리에 따라 모발에 적용되는 온도는 차이가 있을 수 있다. 아이론의 경우 적정 온도는 120℃~140℃ 정도의 온도가 적당하고 전기 세트 롤의 경우 130℃~140℃의 온도가 적당하다. 온도가 너무 낮을 경우 시술 시간이 오래 걸린다. 시술 과정에서 패널을 여러 번 반복 시술하게 되면 모표피가 손상될 수 있고, 온도가 너무 높을 경우 모발이 탄화되어 분해되는 경우가 생기므로 적정 온도를 설정하여 시술하여야 한다.

8. 사전준비 주의 사항

① 고객의 얼굴형, 나이, 모발길이, 사용도구, 시술하고자 하는 머리스타일 등에 따라 블로우 드라이 기법이 여러가지이기 때문에 브러시의 크기와 직경, 베이스의 넓이와 직경, 각도와 볼륨, 바람의 방향, 속도, 텐션, 온도 등을 고려하여 시술하여야 한다.

② 고객의 취향, 직업, 목적 등에 적합한 스타일을 선정하여 커트 등의 일차적인 시술이 이루어진 블루 드라이를 시작한다.

③ 고객의 피부에 열풍이 직접 닿는 것을 방지하고 시술 시 이탈된 모발이나 기타 이물질로부터 고객의 의복을 보호하기 위해 어깨보를 사용한다.

④ 드라이 시술 시 반드시 고객의 모발을 샴푸하여 때나 먼지, 과다한 유분기를 제거한다. 이때 샴푸제와 린스 또는 트리트먼트를 깨끗이 헹군다. 만약 모발에 제품이 남아있을 경우 드라이하는 과정에서 모발에 남아있는 제품이 타면서 연기가 날 수 있다.

⑤ 샴푸 후 가볍게 타올 드라이한 상태의 모발은 100%의 수분을 함유하고 있어 프리 드라이로 약 70% 정도의 수분을 건조시켜야 한다. 그리고 약 30%의 수분이 남아있는 상태에서 스타일링 드라이를 시작한다. 만약 모발이 건조한 상태에서 시술하게 되면 매끈한 질감과 아름다운 형태를 얻기 힘들다. 또한 수분이 너무 많으면 시술 시간이 많이 소요되므로 모발의 수분 양을 조절한다. 모발은 드라이가 끝난 후에도 10~15% 정도의 수분을 함유하고 있다.

⑥ 샴푸를 하지 않고 시술할 경우 물이나 헤어 제품으로 수분을 공급하여 준다. 손으로 모발을 만졌을 때 물기가 묻어나지 않을 정도로 모발 전체에 골고루 적셔주어야 한다. 모발은 굵은 모발이나 곱슬머리보다 적은 양의 수분이 필요하고 손상 모발은 가는 모발보다 수분이 더 필요하다.

⑦ 드라이할 때 일반적으로 두피 쪽에서 시작하여 모발 끝을 향해 브러싱과 동시에 열풍을 가하기 때문에 모발 끝쪽으로 갈수록 쉽게 건조된다. 또한 잦은 화학적 시술과 물리적 시술로 인해 모발 끝의 길이가 다르거나 질감이 거칠어 두피 쪽보다 더 많은 수분이 남아 있어야 매끈하게 완성된다.

9. 작업자세 주의 사항

① 시술자는 양발을 어깨 넓이 정도로 자연스럽게 벌리고 한쪽 발을 약간 앞으로 내민다. 내민 쪽 발에 무게 중심을 잡는 상태에서 들어 올리는 팔의 높이를 어깨보다 낮게 한다. 어깨와 팔에 무리가 가지 않도록 하고 서서히 이동하면서 시술한다.

② 시술자와 고객 간 거리는 25~30cm 정도의 적당한 간격을 유지하여 시술자의 가슴 높이에 고객 머리를 위치시킨다. 블로우 드라이 시술 시 모발의 길이와 디자인에 따라 적당한 거리를 두어야 원활하게 시술할 수 있다. 특히 롱 헤어의 경우 자연스럽게 거리를 이동하며 시술할 수 있다.

③ 시술자는 양쪽 어깨의 힘을 빼고 브러시를 잡은 엄지와 검지에 약간의 힘을 주면서 시술하고, 이때 드라이어는 브러시에서 약 0.5~1cm 정도 띄워서 열풍을 가해야 모발의 손상을 줄일 수 있다.

10. 작업 시 주의 사항

① 블로우 드라이어의 바람이 나오는 출구는 고객의 두피, 얼굴, 목에 직접적으로 향하지 않게 한다.

② 블로우 드라이어를 두피에 바짝 대지 않도록 한다.
(머리카락이 바람 출구에 빨려 들어가는 사고를 유발할 수 있다.)

③ 블로우 드라이 시술 시에는 모발의 질에 따라 적당한 수분이 있는 상태에서 시작한다.

④ 드라이가 끝난 후에도 모발 자체의 수분이 10~15% 정도가 남아있어야 한다.

⑤ 드라이어의 코드가 고객의 어깨나 얼굴에 닿아 불쾌감을 주지 않도록 한다.

⑥ 드라이 과정 중 섹션을 뜰 때 엉키지 않게 빗질 후 브러시를 회전하여 시술한다.

⑦ 스트레이트나 인컬, 아웃컬 등 베이직 테크닉으로 시술할 경우에는 모발의 섹션과 브러시, 시술자의 어깨선이 수평을 이루어야 한다.

⑧ 다리는 어깨 넓이만큼 벌려야 안정된 자세가 되어 어깨와 손목에 무리가 없게 된다.

⑨ 스트레이트 시술의 경우는 노즐 부분을 잡고 할 경우와 손잡이를 잡는 경우가 있다.

⑩ 손상된 모발은 정상 모발에 비해 수소 결합이 원활하게 이루어지지 않기 때문에 정상 모발보다 약 1.5~2배 정도 높은 열풍을 가하는 것이 효과적이다.

11. 블로우 드라이에 영향을 주는 요소

(1) 수분

샴푸 직후 모발의 수분 함유량은 30 ~ 35% 정도이다. 블로우 드라이의 가장 밀접한 모발 결합은 수소 결합이며 수소 결합은 수분에 의해 절단되고 수분의 증발과 동시에 재결합되는 원리이다. 모발에 수분이 너무 많은 상태이거나 심하게 건조된 상태에서 드라이를 시술하게 되면 수소 결합이 원활하지 않아 헤어스타일을 연출하는데 어려움이 따르므로 블로우 드라이 시술 전 프리 드라이를 통해 모발의 수분을 20 ~ 25% 정도만 남겨놓은 상태에서 시술하여야 한다. 모발에 수분이 많은 상태에서 블로우 드라이를 시술하게 되면 시술 시간이 오래 걸리고 정확한 시술이 어려우며 수분이 적은 상태에서 시술하게 되면 이미 수소 결합의 재결합이 이루어진 부분이 많기 때문에 원하는 컬의 형성이 어렵고 오버드라이가 되어 모발이 푸석푸석해진다.

(2) 텐션

텐션은 모발을 잡아당기는 힘에 의해 늘어나는 팽창력을 의미한다. 블로우 드라이 시술 시 적당한 텐션은 축모를 펴고 모발에 윤기를 주며 탄력있는 웨이브를 형성할 수 있다. 너무 강한 텐션은 브러시에 모발이 엉키는 현상을 초래할 수 있으며 고객이 통증을 느낄 수 있어 적당한 강도의 텐션을 주어야 한다.

(3) 온도

현재 시중에 판매되는 드라이기의 온도는 60~140 ℃이며 적당한 열풍의 온도는 80~90℃이다. 모발의 상태와 시술하고자 하는 헤어스타일에 따라서 열풍과 냉풍을 조절하여 사용하여야 하고 사용 각도와 거리에 따라 모발에 적용되는 온도가 다르다는 것을 인지하여야 한다. 한 곳에 집중적으로 열풍을 오래 쐬어주면 두피에 화상을 입거나 모발이 건조해져 손상될 수 있으므로 주의해야 한다.

(4) 속도

블로우 드라이 시술 시 빠른 속도로 시술하기보다는 고객의 모발 상태나 연출하려는 스타일에 따라 적당한 뜸을 들여야 한다. 곱슬모발이나 웨이브가 있는 모발을 펴 주고자 할 때는 속도를 빨리하면 웨이브가 잘 펴지지 않아 여러 번 시술하게 되고 그로 인해 모발이 푸석거리게 되므로 속도를 천천히 하여 뜸을 들이면서 시술하여야 한다.

C컬을 시술할 때는 C컬이 꺾이는 부분에 3~5초 정도 뜸을 들여 주어야 하고 S컬을 시술할 때는 브러시를 회전할 때마다 3초 정도 뜸을 들이고 브러시에 패널을 모두 와인딩한 후 상,하 방향에서 모두 열풍을 주고 충분히 식혀주어야 한다.

(5) 각도

각도는 블로우 드라이 시술시 볼륨과 가장 큰 관련이 있는데, 큰 볼륨을 주고자 할 때는 패널을 120° 각도로 시술하여 오버 베이스가 되도록 하여야 움직임이 자유로우면서도 튼 볼륨을 연출할 수 있다. 90° 각도로 시술하면 적당한 볼륨과 모류 교정에 용이하며 45° 각도로 시술하는 경우는 작은 볼륨을 주고자 할 때 적합하다.

(6) 패널

베이스의 넓이는 브러시 넓이의 80% 정도가 적당하며 과다하게 넓을 경우에는 시술시 패널이 브러시 밖으로 튀어나가 가장자리 모발이 정확히 시술이 되지 않고 여러 번 시술해야 하는 경우가 생긴다. 반대로 베이스가 심하게 좁을 경우에는 시술 시간이 길어진다. 베이스의 직경은 롤 브러시의 직경과 1:1 로 하는 것이 적당하며 굵은 웨이브를 연출하고자 할 때에는 베이스의 직경을 2배 정도 넓게, 좁은 웨이브를 연출하고자 할 때에는 베이스의 직경을 0,5배로 줄여서 시술한다.

(7) 브러시Brush

브러시는 크기, 형태, 재질이 다양하므로 원하는 헤어스타일링에 따라서 선택하여 사용한다. 긴 모발을 스트레이트를 할 때는 직경이 넓은 돈모 브러시가 적당하며, 웨이브나 컬 등을 만들때는 직경이 좁은 혼합모 브러시가 적당하다. 퍼머기가 없는 짧은 모발의 직모를 스타일링할 때는 플라스틱 재질의 나일론 모가 적합하다.

어떤 경우이든 정해진 것은 따로 없으므로 모발상태나 원하는 헤어스타일에 따라 적절하게 선택하여 사용하는 것이 바람직하다.

단원평가

블로우 드라이에 대하여 알게 되었는지 확인해 봅시다!

▶ 서술형 시험

1. 블로우 드라이의 개념과 목적을 간략하게 요약하여 서술하시오.

2. 블로우 드라이의 원리를 서술하시오.

3. 블로우 드라이 기법을 간략하게 요약하여 설명하시오.

4. 블로우 드라이 작업을 진행할 때 주의사항에 대하여 요약하여 설명하시오.

5. 블로우 드라이에 영향을 주는 요소를 쓰고 간략하게 설명하시오.

memo

Chapter. 3

아이론

Iron

1. 아이론의 정의

1. 개념

마셀 아이론의 사전적 의미를 살펴보면 아이론은 쇠, 철을 둥글게 가위 모양으로 만들어 놓은 헤어스타일링 기구이다.

현대 미용의 발상지인 프랑스에서 1875년 마셀 그라또우Marcel Crateau는 아이론을 이용해 마셀 웨이브(화열식)를 만들어 냈다. 아이롱Iron 또는 아이론으로 불리우며, 열을 이용하여 S자 모양의 고른 웨이브를 낼 수 있는 것이 특징으로 120℃ ~ 140℃(아이론으로 창호지(종이)를 집어서 누렇게 변색이 안 되고, 코끝으로 감지할때는 따뜻하다는 열기가 느껴 질 때)를 유지하여 사용한다.

아이론은 모발에 직접 열을 가하여 모발의 형태를 변화시키고, 그 형태를 일시적으로 지속시킬 수 있도록 하는 셋팅 방법이다. 고온의 열을 이용하기 때문에 모발을 손상시킬 수 있으므로 각별한 주의가 필요하다.

2. 종류

플랫 아이론은 전기로 작동하는 전열식과 축열식이 있는데 지금은 전열식 아이론을 사용하기 때문에 편리하며 설정 온도에 맞추어 사용하면 된다. 현재 사용하는 아이론은 형태적으로 원형아이론round iron과 프레싱아이론Pressing iron으로 나뉘어진다. 프레싱 아이론에는 트라이앵글 아이론triangle iron, 플랫 아이론flat iron과 물결 모양의 아이론이 있으며, 두피에 풍성한 볼륨을 주려면 원형과 트라이앵글 아이론을 사용하여 모발의 각도를 들어서 사용한다.

원형 아이론보다 트라이앵글 아이론은 강한 웨이브를 준다. 트라이앵글 아이론은 각이 있어 꺾이는 각이 강하다. 플랫 아이론flat iron은 볼륨이 작은 스트레이트로 매끄럽게 펴주며 S컬 웨이브에 자연스러운 웨이브를 형성할 때 사용한다.

① **화열식 아이론** : 아이론을 직접 열에 달궈서 사용한다. 일정한 온도 조절이 되지 않으면 모발이 탈 수 있으므로 주의해야 한다.

분류	화열식 기기 1	화열식 기기 2
마셀 아이론 가열 기구	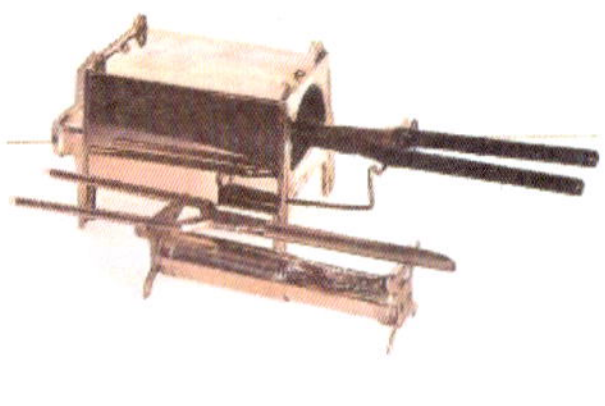	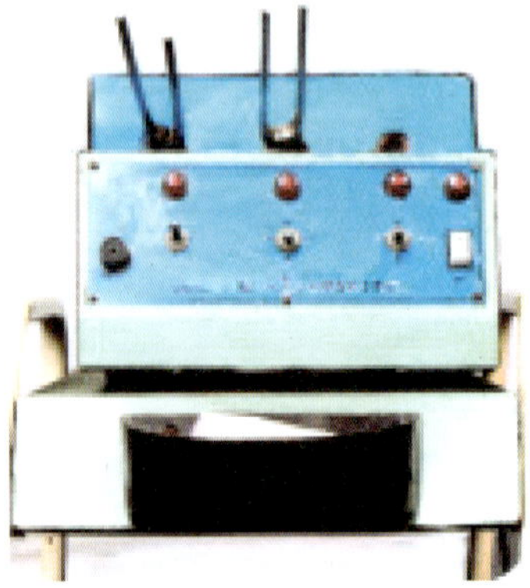
	온도 조절이 어렵다. 1950~1960년 후반까지 사용	자동 온도 조절이 용이하다. 1970~1980년까지 사용

② **전열식 아이론** : 전기를 이용한 가장 일반적인 형태로 프롱의 두께는 10~25mm이며 온도 조절이 가능하고 안전하다.

③ **축열식 아이론** : 아이론 핸들에 전기줄이 없고 충전(충열)시켜서 사용한다. 무선 아이론이며 전기 또는 가스로 충전한다.

④ **스팀 아이론** : 미세한 스팀(증기)이 뜨거운 열과 함께 나온다. 열과 함께 나온 아이론은 곱슬머리에 사용하기 어렵다.

3. 아이론의 원리

아이론은 고열로 모발구조에 일시적으로 변화를 주어 스타일링을 형성하는 것으로써 모발내부의 곁사슬 중에서 수소결합과 염결합을 이용한 것이다. 모발내부 결합수의 수소결합과 염결합은 아이론의 고열에 의해 수분이 감소하면서 재배열되며 결합을 이루게 된다. 이러한 원리를 바탕으로 물리적인 힘을 가해서 새로운 형태의 모양을 만든다. 이때 수소결합과 염결합의 재결합으로 새로운 형태가 만들어지며 고정되어 스트레이트, 웨이브, 컬 등이 된다.

그러므로 아이론으로 스타일링을 하다가 실패한 모발에 다른 형태로의 전환을 형성시키기 위해서는 반드시 적당한 수분을 공급한 후에 건조시켜 다시 해 주어야 한다.

4. 얼굴형과 헤어스타일

이상적인 얼굴형은 계란형이 가장 표준형 얼굴이다. 헤어스타일을 하는데 가장 이상적인 비율은 얼굴 길이가 180~186mm, 얼굴의 폭은 128~134mm에 해당하는 경우이다. 전체적으로 균형이 있는 얼굴을 3등분 하면 이마에서 눈썹까지, 눈썹에서 코끝까지, 코끝에서 턱선까지의 길이가 1:1:1 비율로 나누어지며 이를 미인형 얼굴이라 한다.

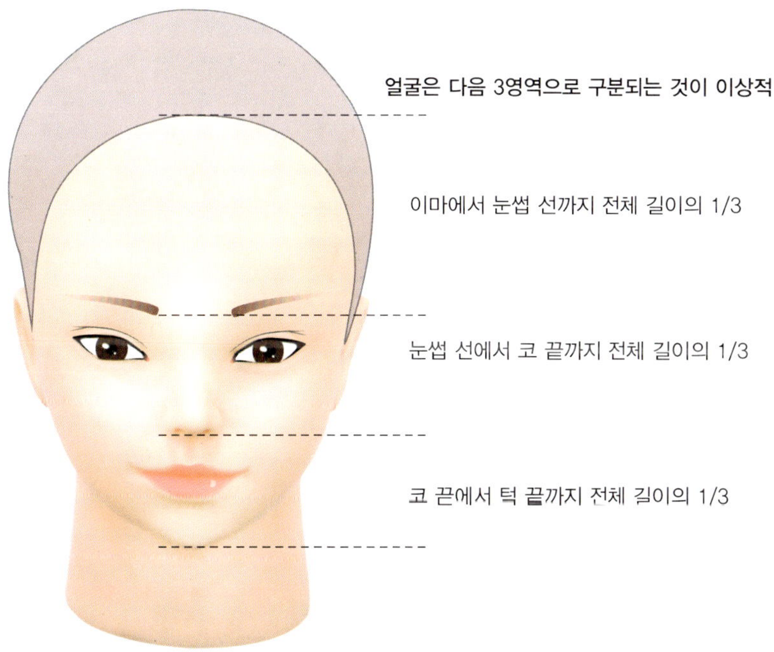

그림 3-1 얼굴형에 따른 디자인

(1) 계란형

대표적인 얼굴형이며 이상적인 기본형 얼굴이다. 계란형은 어떤 헤어스타일에도 잘 어울리며 얼굴 윤곽을 가리지 말고 헤어스타일로 개성을 살려서 아름다움을 더 강조할 수 있다. 하지만 잘못하면 너무 평범하게 보일 수도 있다.

그림 3-2 달걀형 얼굴

(2) 원형

귀여운 이미지의 얼굴형으로 동양 사람들에게 많은 형이다. 전두부의 헤어라인과 턱 선이 둥글기 때문에 얼굴이 크게 보일 수도 있으며, 둥근 얼굴을 계란형 얼굴처럼 보이려면 탑 부분의 볼륨을 넣고 얼굴이 길어 보이도록 높고 풍성하게 살려 주워야 한다. 양쪽 사이드는 너무 부풀어 보이지 않도록 살짝 눌러서 붙여준다. 가르마를 타게 되면 센터 파트는 얼굴이 더 둥글어 보일 수 있다. 센터 가르마는 피하고 7:3이나 6:4로 파트를 타는 것이 자연스럽고 잘 어울린다.

그림 3-3 원형 얼굴

(3) 역삼각형

역삼각형의 얼굴은 귀여운 헤어스타일이 어울린다. 이마가 넓고 턱이 뾰족한 것이 역삼각형 얼굴의 특징이다. 프론트는 볼륨을 살려 큰 웨이브로 이마를 가리도록 하여 이마가 좁아 보이도록 하고, 턱은 볼륨이 강한 웨이브를 만들어 디자인을 하게 되면 뾰족한 턱 선을 둥글게 보이게 할 수 있다. 그러나 지나치게 짧은 헤어스타일은 어울리지 않는다.

그림 3-4 역삼각형 얼굴

(4) 사각형

둥근 모습이 없이 각이 진 얼굴로 개성이 강해보이는 형의 얼굴이다. 사각형 얼굴에서 이마, 턱의 각진 느낌을 지우려고 한다면 탑 부분의 두피 모발은 살려서 풍성하게 만들고 생머리보다 웨이브가 있는 스타일이 잘 어울리며, 턱 선보다 짧지 않도록 하는 것이 좋다. 양옆 사이드가 좁아 보이도록 볼륨은 낮추고 웨이브를 연출하여 각을 가려주며 얼굴이 둥글게 보이도록 한다. 차갑고 강한 이미지를 없애 주려면 옆머리를 층을 내어 가볍게 하며 각진 부분을 가려주기 위해선 비대칭 헤어스타일로 하는 것이 잘 어울린다.

그림 3-5 사각형 얼굴

(5) 삼각형

이 얼굴형은 좁은 이마와 넓은 턱 선 때문에 차갑게 보이는 인상이다. 헤어스타일은 이마가 넓어 보이도록 큰 뱅을 디자인 하고, 턱은 양쪽 각을 좁게 보이도록 부드러운 웨이브로 디자인해야 한다. 층이 없는 머리는 잘못하면 양쪽 볼이 더 넓어 보이게 한다.

그림 3-6 삼각형 얼굴

(6) 장방형

얼굴비율에서 세로의 길이가 가로에 비해 폭이 좁아보여 인상이 날카롭고 얼굴이 나이에 비해 성숙해 보인다. 이 경우 얼굴이 길어 보이지 않도록 탑 부분의 볼륨은 낮추고 사이드 부분은 풍성한 웨이브나 강한 웨이브로 처리하면 얼굴이 둥글게 보일 수 있다. 앞머리는 뱅 처리를 하여 얼굴이 길어 보이지 않도록 하며 센터 파트보다 사이드 파트를 하도록 한다.

그림 3-7 장방형 얼굴

(7) 마름모형

이마와 턱은 좁고 양쪽 볼 부분이 많이 튀어나온 상하가 좁은 얼굴형을 말한다. 얼굴에 살이 없고 마른 사람이 주로 많다. 부드러운 인상을 주기 위해서 세미롱이나 롱헤어를 하고, 마름모형의 이마 부분은 두피에 볼륨을 살려주며 광대뼈 부분은 모발 볼륨이 없도록 해야한다. 양쪽 사이드는 턱 선이 풍성하게 보이도록 볼륨을 주는 웨이브를 디자인해야 잘 어울린다.

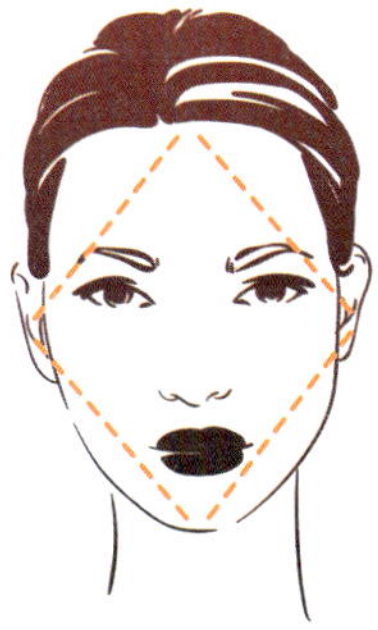

그림 3-8 마름모형 얼굴

2. 아이론의 역사

아이론 웨이브의 창안 시기는 기원전 3,000년경 이집트 나일강 유역에서 모발에 점토를 묻혀 봉으로 감싸고 건조하여 웨이브를 만든 것이 시초였다. 아이론이 창안되기 전에는 쇠막대기에 불을 달구어서 뜨거운 열로 웨이브를 만들었고, 이후에는 아이론 안에 숯을 넣어 열을 이용한 나선형의 웨이브를 만들었다.

아이론의 형태는 1,500년대에 만들어졌으나 사용을 잘하지 못하다가 프랑스 파리에서 미용 견습생인 마셀 그라또우가 어머니에게 웨이브의 헤어스타일을 구사하기 위하여 철을 소재로 한 둥글고 홈이 파인 자루와 그 틀을 감싸주는 오목한 자주를 만들어 불에 뜨겁게 달구어 사용하면서 비로소 이름을 붙이게 되었다.

1875년 프랑스의 “마셀”(마르셀) ‘그라또우’ (Francois Marcel Gurateau 프랑스의 마르셀 그 라투) “나셀”이라는 이름을 붙인 아이론을 창안하였으며, 이를 이용하여 일시적인 웨이브 디자인을 하였다. 1906년 독일의 찰스네슬러는 붕사와 알칼리성 수용

액을 사용하여 화학적인 처리를 가하고 전기로 가열하는 방법으로 모근 가까이에서부터 나선형으로 와인딩 하는 스파이럴식 웨이브를 창안하여 유행시켰다. 죠셉 메이어Joseph Mayer에 의해 1925년, 짧은 머리에도 와인딩을 할 수 있도록 모발 끝에서 모근 쪽으로 종이를 사용하여 와인딩 하는 크로키롤식 방법의 웨이브를 고안 하여 유행을 시키기도 하였다.

그러나 열을 달구어야 하며 아이론의 적정 온도를 맞추기 힘들고 헤어디자이너의 숙련된 기술이 필요하다는 단점이 나타나면서 적정 온도의 감지 미숙으로 머리카락이 타는 불편함을 보완하는 안전하고 편리한 전기 아이론이 1925년 발명되었다. 그 후 1927년 독일의 웰라 회사에서 핫 웨이빙 기구 출시 이후 전 세계적으로 급속히 유행하는 계기가 되었으며, 우리나라에서는 일본에서 미용을 배운 신여성 오엽주 여사가 1933년 서울 종로 화신백화점에 화신미용원으로 최초 1호 미용실을 개설하여 헤어스타일 유행을 선도하였다.

그 후 일본인이 들어와 미용학교를 설립하고 많은 미용실이 개원을 하였으며, 우리나라 미용이 발전된 시기로 마셀 아이론도 이 시기부터 도입되어 블루드라이가 도입되기 전까지 사용되었고 화열식인 마셀 아이론은 점차적으로 사용을 하지 않았다.

우리 나라는 1970년대와 1980년대에 블로우 드라이를 많이 사용하다가 1990년대 들어와 다양한 굵기의 전기아이론이 유행을 하였으며, 전열식 아이론을 사용한 매직 스트레트 펌이 유행하였다. 또한 다양한 헤어스타일에 필요한 플랫 아이론은 여러 종류의 아이론기가 나오면서 블로우드라이와 건식 플랫아이론, 2010년 들어와서는 습식 아이론을 비롯하여 전기아이론이 나오면서 헤어 스타일의 다양한 변천사가 시작되었다.

아이론은 과거 전문 헤어디자이너만이 헤어 스타일링 목적으로 사용하던 도구 또는 기기에서 점차 대중화가 이루어져 현재는 아이론 기기를 이용한 C컬clock wise curl의 바람머리, S-웨이브, 물결 웨이브 등 다양한 헤어스타일이 젊은 층에서 유행하고 있으며 아이론을 구입하여 직접 홈 드라이(홈 스타일링)를 하기도 한다.

20세기 후반에는 전기아이론을 비롯한 다양한 기능을 갖춘 기기들이 발명되었으며 특히 열을 인식하는 전자장치가 개발되어 전기아이론에 접목되면서 모발의 상태나 목적에 따라 설정한 온도를 자동으로 조절하여 편리하게 사용하고 있다.

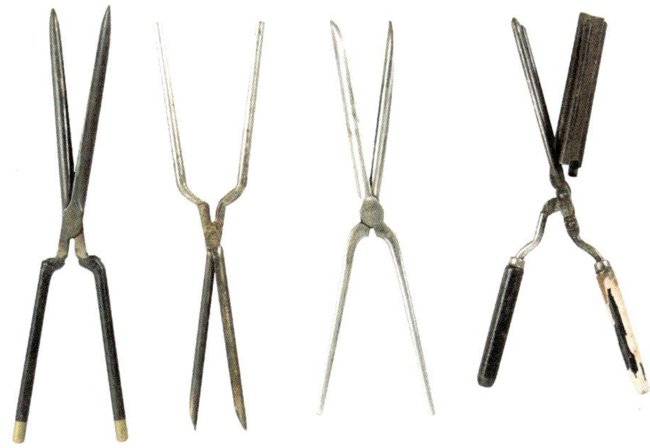

아이론 펌은 고열을 이용한 연화식 퍼머넌트로 수소결합과 염결합의 원리를 이용한 펌이며 모표피를 압착시켜 윤기를 최대화 시킨다. 이는 열에 의한 시술이기 때문에 모발의 손상을 주의해야 한다. 아이론 펌 시술 시 잘못된 연화시간과 열처리 온도는 모발 단백질의 파괴와 수분 손실, 변성 등의 케라틴 구조가 파괴되며, 열로 인한 모발 화상을 입게 되어 푸석하게 되면서 모발이 끊어진다. 그러므로 헤어디자이너는 고객의 머릿결을 잘 파악하여 손상을 주지 않도록 해야 한다.

3. 아이론 작업 도구

1. 아이론 각 부 명칭

마셀 아이론에서 막대 모양의 둥근 부분은 프롱fron이며 홈이 파진 부분은 그루브groove, 프롱과 그루브를 교차시켜 지렛대 역할을 하는 부분을 피봇포인트pivot point라고 한다.

(1) 프롱fron

둥근 막대기 모양에 모발이 감겨서 웨이브 등의 형태를 만드는 역할을 한다. 마셀 아이론을 사용하여 웨이브를 형성할 때에는 프롱이 위로 가도록 하고 그루브가 아래쪽에서 프롱을 받쳐 웨이브를 만든다. 이는 모발이 감기는 부분으로 셀 또는 로드rod라고도 한다.

(2) 그루브groove

홈이 파져 있는 부분으로 프롱에 감겨있는 모발을 그루브가 밑에서 받쳐주며 모발이 풀리지 않고 웨이브가 형성이 잘 되도록 강약 조절의 기능과 프롱과 그루브 사이에 끼워서 고정을 하는 역할을 하며, 모발을 감싸서 눌러주는 뚜껑의 역할을 한다. 이러한 역할을 셀shell이라고 한다.

(3) 핸들handle

프롱과 그루브에 교차된 손잡이를 말하며, 웨이브를 만들 때 손잡이를 쥐고 살짝살짝 돌리면서 조작한다. 약지와 소지로 잡아서 아이론을 개폐하며 종류로는 프롱 핸들과 그로브 핸들이 있다.

피포형겊 : 시술할 때 사용되는 형겊 종류

Check Point

- 마셀 아이론은 한 쌍의 암수 아이론이 있다. 프롱과 그루브의 사이에 걸려있는 머리카락을 잡아주며 머리카락이 풀리거나 걸리지 않도록 꼭 잡아 회전시키면서 강한 웨이브를 형성한다.
  ① 열원에 따른 종류 : 화열식, 축열식, 전열식
  ② 형태에 따른 종류 : 일자형, 원형, 파형

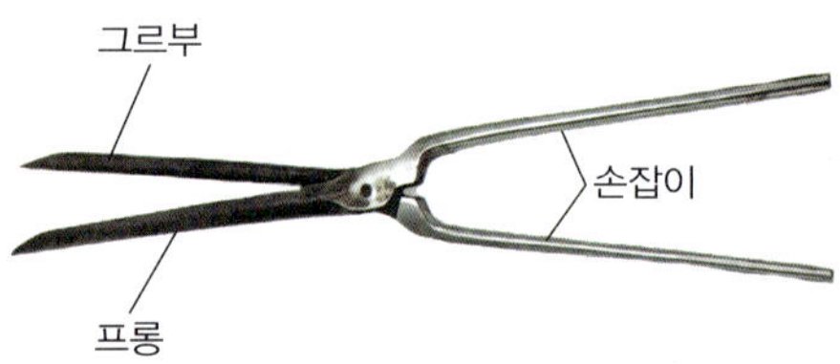

아이론의 구조 명칭

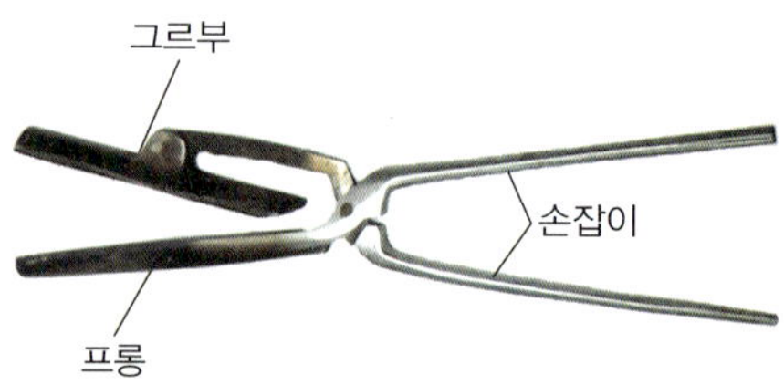

컬 아이론

2. 컬 아이론의 선정 및 유의 사항

① 프롱과 그루브의 틈새가 균일하게 잘 맞아야 두발에 충분한 열이 전달된다.

② 프롱과 그루브의 핸들의 길이가 1:1로 균일한 일자형이 좋다. 연결된 부분이 잘 죄어져 있는지 확인한다.

③ 화열식은 온도 조절이 어려워서 이에 유의한다. 종이가 누렇게 타면 아이론을 여러 번 회전시켜 열을 식혀준다.

④ 아이론을 바닥에 떨어뜨리지 않도록 한다.

3. 전기 아이론 종류

(1) 전기프레싱 아이론의 종류

프레싱 아이론은pressing iron은 모발을 눌러 압착시켜 만든 웨이브와 크림퍼 물결 아이론, 트라이앵글 아이론, 열판에 홈이 파인 울룩불룩한 파형, 열판으로 모발 다발을 아이론으로 집어서 뜸을 주듯이 눌러주면서 곱슬머리를 펴주는 스트레이트 아이론이 있다.

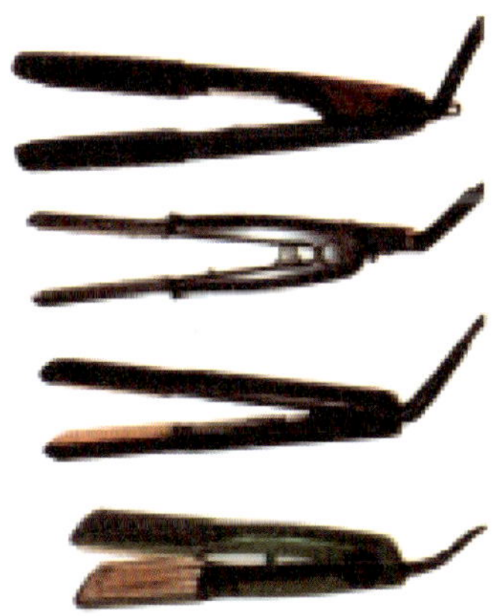

그림 3-9 프레싱 아이론의 종류

① 플랫 아이론

플랫 아이론은 열판의 넓이에 따라 소, 중, 대로 분류하며 머리 기장에 맞추어 사용한다. 짧은 쇼트헤어에는 소형 아이론을 사용하여 디자인을 연출하고, 기장이 단발 정도인 미디움 헤어스타일은 중형 아이론을 사용하며, 대형 아이론은 미디움 기장 이상의 롱 헤어에 매직스트레이트magic straight 또는 굵은 웨이브 스타일을 연출할 때 사용한다.

② 트라이앵글 아이론

열판이 삼각형 모양으로 된 트라이앵글 아이론은 모근 부위 볼륨과 웨이브의 강한 컬을 연출할 때 사용하는 소형 아이론이다. 두피 모근 부위에 볼륨을 줄 경우 많이 사용한다.

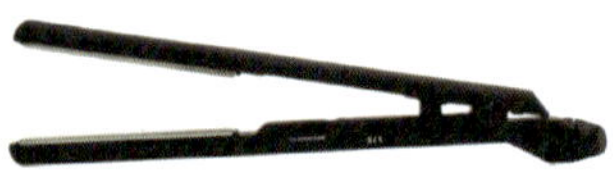

③ 크림퍼(물결) 아이론

크림퍼 아이론에는 중형 아이론, 대형 아이론이 있으며, 열판이 물결무늬 모양으로 되어 있고 길이와 용도에 맞는 아이론을 선택하여 물결 웨이브를 연출하거나 머리숱이 적은 모발에 볼륨을 주기 위하여 사용한다.

아이론의 회전 방법

Check Point

① 안말음(인컬)

- 모근 쪽에서 모발의 볼륨과 방향을 정하여 설정한다.
- 모발 각도를 유지하면서 모근 쪽으로 말아준다.
- 모선 끝 쪽으로 아이론을 회전하면서 디자인된 컬에 빗을 사용하여 조심스럽게 내려놓는다.

② 바깥말음(아웃컬)

- 모근쪽에 볼륨감을 주면서 아이론으로 훑어준다.
- 모발의 시술 각을 낮추고 디자인하여 방향을 설정한다.
- 아이론으로 디자인된 컬을 바깥 방향으로 조심스럽게 내려둔다.

(2) 전기 원형아이론의 종류

전기 아이론은 다양한 사이즈로 나와 짧은 머리와 긴 롱헤어에 아이론 사이즈를 맞추어 모발기장에 맞는 프롱을 선택하여 사용한다.

프롱의 직경은 6mm부터 35mm까지 여러 종류가 있다. 아이론의 굵기에 따라 각기 다른 웨이브가 형성되므로 모발 기장과 헤어스타일 그리고 고객의 개성에 맞는 적절한 아이론을 잘 선택하여야 한다.

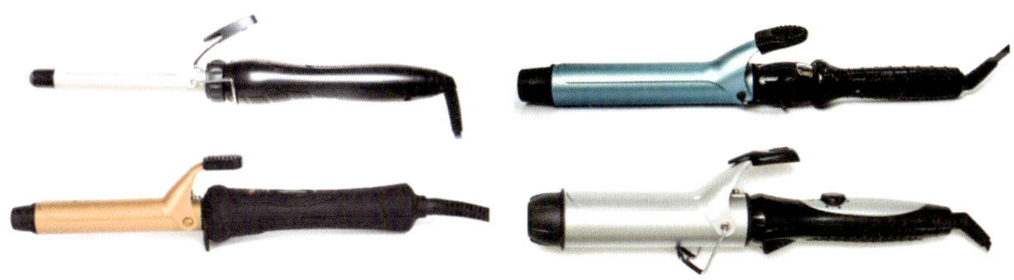

그림 3-10 원형 아이론의 종류

웨이브의 굵기(형상)에 따른 분류

Check Point

- 섀도우 웨이브shadow wave : 고저가 뚜렷하지 못하고 느슨한 웨이브
- 와이드 웨이브wide wave : 섀도 웨이브와 내로우 웨이브의 중간 형태로 자연스러운 웨이브
- 내로우 웨이브narrow wave : 고저가 뚜렷하며 강한 웨이브
- 프리즈 웨이브frizz wave : 두피 쪽 모발은 느슨하고 모발 끝에만 웨이브가 있다.

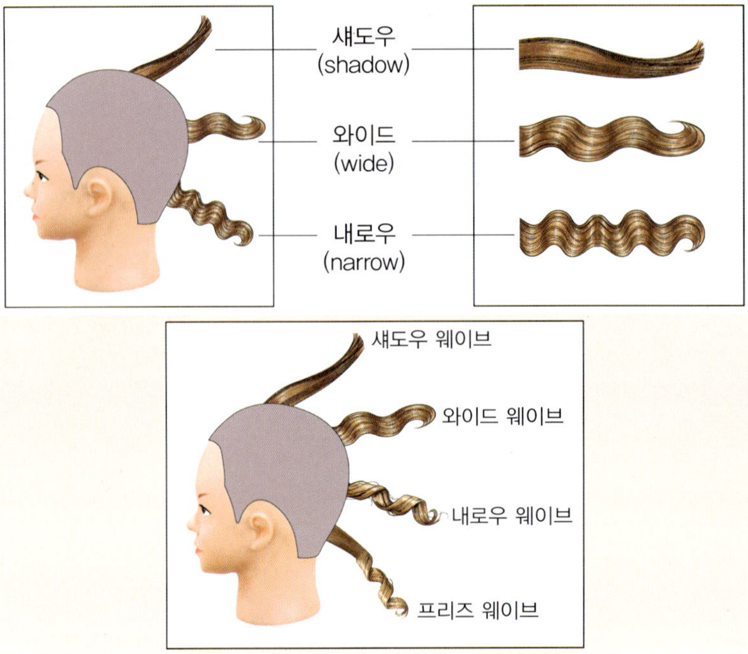

그림 3-11 웨이브의 종류

- C컬clock-wise wind curl : 컬의 모양방향이 시계방향
- CC컬counter clock-wise wind curl : 컬의 모양방향이 시계 반대방향

컬의 가장 높은 부분을 크레스트라고 한다.

① 원형 소형 아이론

소형 아이론의 사이즈는 9 ~ 15mm 정도이며 사용 용도는 짧은 모발과 펌, 그리고 모근에 볼륨감을 주거나 웨이브를 형성할 때 사용한다. 사이즈가 작아서 릿지ridge와 릿지의 폭이 좁고 웨이브의 크레스트가 확실하며 둥글고 강한 탄력이 있는 웨이브로 내로우 웨이브narrow wave에 해당한다.

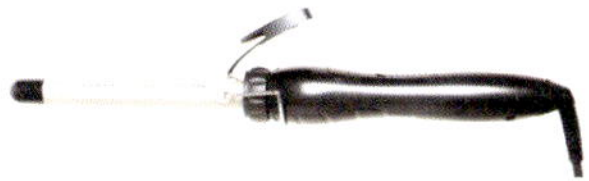

② 원형 중형 아이론

중형 아이론의 사이즈는 16 ~ 20mm 정도이며 중간 사이즈이다. 단발머리 기장 모근에 볼륨과 모선 끝 쪽에 C컬과 CC컬 디자인에 많이 사용되며, 릿지와 크레스트는 소형 아이론을 사용할 때보다 약간 느슨한 웨이브를 형성하고 와이드 웨이브wide wave를 형성한다.

③ 프롱이 둥근 대형아이론

대형 아이론의 사이즈는 22 ~ 35mm 정도이며 긴 머리 헤어스타일에 적합한 사이즈이나. 사연스럽고 큰 웨이브를 연출할 수 있으며 릿지와 크레스트가 윤곽이 확실하지 않은 느슨한 새도우 웨이브Shadow wave이다.

4. 아이론의 손질 방법

화열식 아이론은 열에 달구어서 사용하기 때문에 이에 사용되는 철은 주위에 있는 산소, 수소 등과 반응하여 원래 자연의 광물 상태로 돌아가려고 하는 성질 때문에 녹이 발생하게 된다. 아이론 사용 후에는 녹이 슬지 않도록 사포로 표면을 닦아주고 기름칠을 하도록 한다. 녹이 슬면 그만큼 아이론의 효율은 떨어지는데 녹이나 탄산 성분이 생기기 전에 깨끗이 닦아서 샌드페이퍼(사포)로 문지른 후 기름칠을 하여 습기가 없는 곳에 보관한다.

전열식 아이론을 사용한 후에는 헤어스타일링 제품이 아이론에 묻어 있으면 깨끗이 닦아서 보관하도록 하며, 전기 아이론의 경우 전기 누전과 합선이 일어나지 않도록 항상 전원 플러그를 뽑아둔다.

5. 아이론과 빗

아이론 시술 시 웨이브를 형성하고자 할 때 아이론만 가지고는 웨이브를 만들지 못한다. 사전 빗질을 하여 머리카락이 매끄럽게 정돈이 되어야 하며 빗은 섹션을 만들 때도 사용한다. 아이론이 내려오도록 빗이 모발을 정돈해 주므로 올바른 빗질이 중요하다. 아이론을 조작하기에 적당하도록 모발의 폭을 일정하게 유지하면서 아이론과 빗은 일정한 간격으로 빗이 아이론을 받쳐주면서 내려온다.

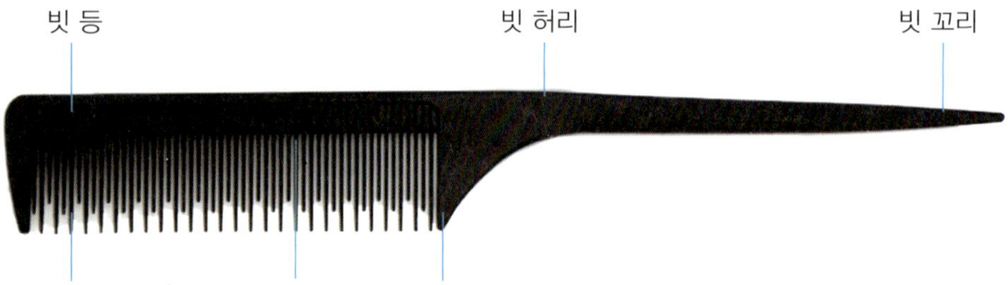

(1) 빗의 종류

빗은 머리카락을 단정하게 정리하며 우리 일상생활에서 꼭 필요한 생활의 필수품이다. 근대에 와서는 빗의 용도나 모양, 그리고 사용 목적도 다양해지고 있다. 빗의 제작 재료는 플라스틱, 스테인레스, 뼈, 대모갑(자라의 등껍데기), 뿔, 나무 등이 있으며 사용 용도에 따른 커트빗, 꼬리빗, 대빗, 세팅빗 등이 있다.

① 빗 선택 방법

- 빗살이 균일하게 매끄럽고 끝이 뾰족하지 않고 약간 둥글어야 한다.
- 굵기는 전체가 균등하며 너무 매끄럽지 않아야 한다.
- 내열성, 내수성, 내유성이 있어야 한다.
- 구부러지거나 비틀거리지 않고 탄성이 있어야 한다.
- 약품에 변질이 잘 되지 않아야 한다.
- 열에 강해야 되며 모발의 상태에 따라 종류가 다양해야 한다.

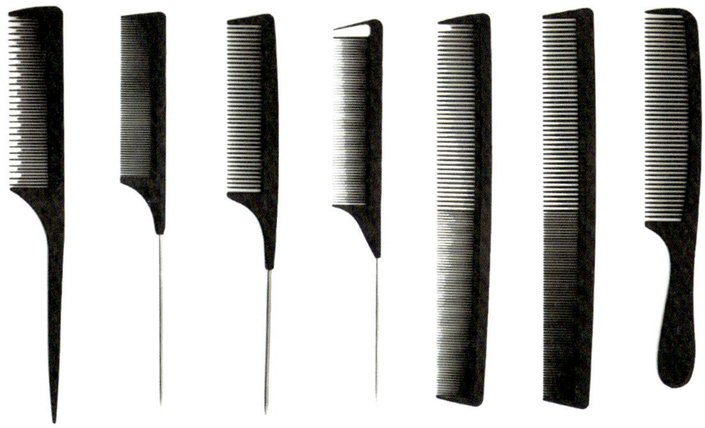

그림 3-12 빗의 종류

4. 아이론 기법

1. 마셀 아이론 잡는 기초 방법

마셀 아이론은 시술자 가슴 부위에서 20~30cm 거리를 두고 가슴 높이와 수평이 되도록 하고, 다리는 어깨 넓이로 벌린 후 바른 자세로 서서 마셀 아이론을 잡는다. 프롱과 그로브를 잡는 동작은 많은 연습을 필요로 한다.

① 마셀 아이론은 프롱에 연결된 손잡이를 검지 둘째 마디와 엄지손가락으로 잡고 나머지 중지, 약지, 새끼손가락은 그로브에 연결된 손잡이를 손가락 끝 쪽 한마디 위로 손바닥 안에 프롱과 그로브의 손잡이가 놓여진다.

② 그로브에 연결된 손잡이에 손가락을 감싸서 잡으면 그로브와 프롱의 손잡이가 손바닥 안에 놓여진다.

③ 그로브와 프롱을 벌렸다가 닫고 돌리면서 개폐 작동을 반복적으로 연습한다. 이때에 새끼손가락은 마셀 아이론의 그로브를 움직이면서 폭을 조절한다. 그로브

에 연결된 손잡이는 안쪽으로 끼운 상태로 시술 작업을 한다.

④ 그로브와 프롱을 닫고 컬을 끼워서 뜸을 들인다.

⑤ 반복적인 연습이 중요하며 그로브와 프롱을 크게, 작게 열고 닫았다가 컬을 사용하면서 손동작을 익힌다.

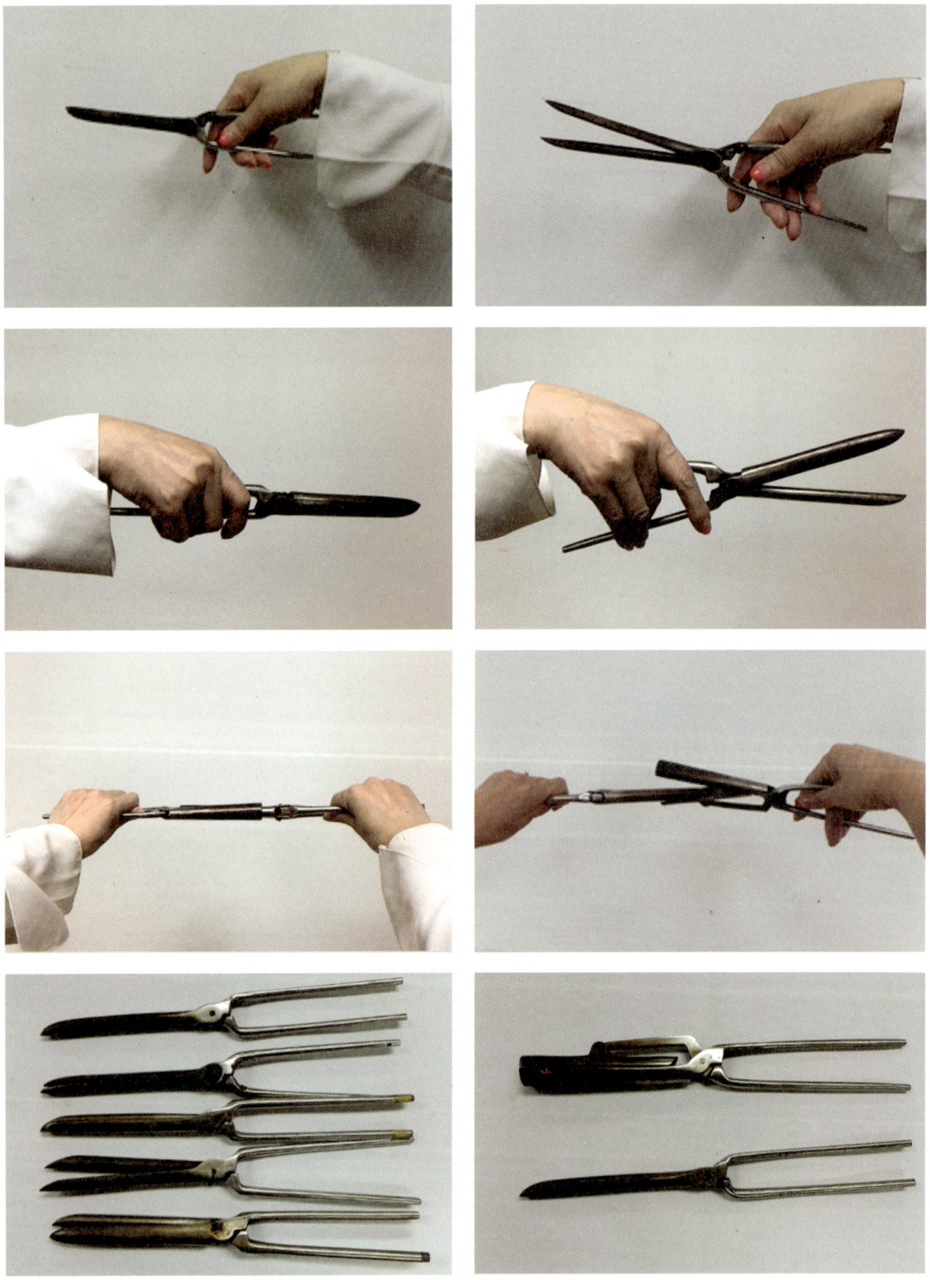

그림 3-13 마셀과 컬의 작동법

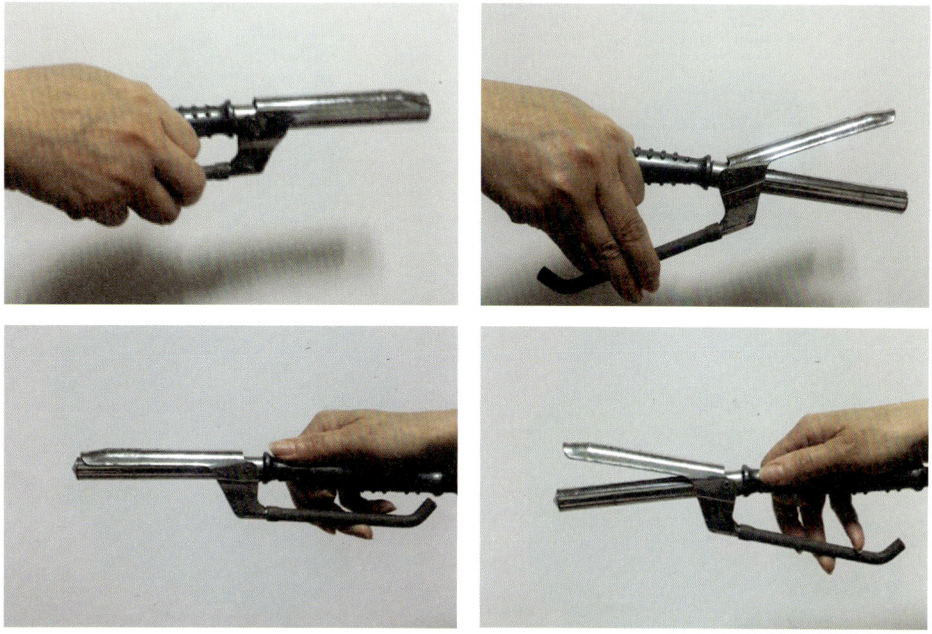

그림 3-14　전기 아이론의 작동법

아이론 시술시 주의사항　*Check Point*

아이론은 고온의 열로 시술을 하므로 항상 시술자나 고객의 두피에 화상을 줄 수 있기 때문에 주의해야 하며, 아이론을 사용할 때는 주위에 열에 녹을 수 있는 플라스틱 제품 등을 가까이 두지 않는 것이 좋다. 아이론은 사용 후 깨끗하게 닦아서 전원을 뽑아 안전한 곳에 보관한다.

2. 플랫 아이론 사용 방법

원형아이론 잡는 방법은 엄지는 클램프레버 위에 놓고 나머지 손가락은 아이론을 감싸주며 아이론과 손목이 일자 모양이 되어야 한다. 웨이브 시술 시 바른 자세로 잡지 않을 경우 방향 회전시킬 때에 어렵고 손목에 무리가 온다. 원형 아이론 시술시에는 클램프레버와 핸들레버를 돌리면서 웨이브를 만들고자 하는 방향으로 시술을 한다.

플랫 아이론을 잡는 방법은 엄지를 위쪽 아이론과 일치하게 하며 손잡이를 손목과 일자가 되도록 하고 시술자의 가슴쪽 방향으로 한 다음 웨이브를 연출할 때는 180°회전시키면서 시술을 한다. 매직 스트레이트는 시술자의 방향으로 내려온다.

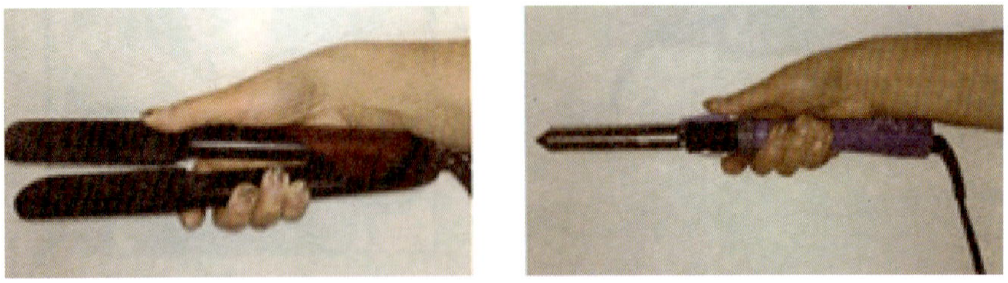

그림 3-15　아이론 잡는 옳은 방법

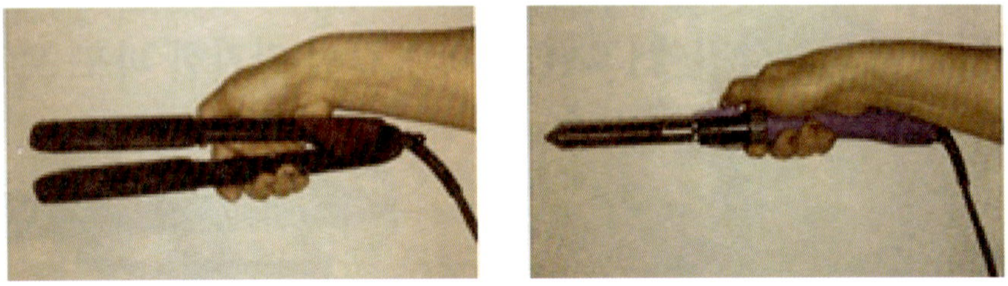

그림 3-16　아이론 잡는 잘못된 방법

Check Point

플랫 아이론

- **장점** : 플랫 아이론은 자동으로 온도 조절이 되므로 초보자가 사용하는 방법을 연습하면 편리하게 사용할 수 있다.
- **단점** : 모근 부분에 볼륨을 많이 주기 어렵고 버진 헤어에 강한 웨이브를 연출하기가 어렵다.

단원평가

블로우 드라이에 대하여 알게 되었는지 확인해 봅시다!

▶ 서술형 시험

1. 얼굴형과 헤어스타일에 대하여 간략하게 요약하여 서술하시오.

2. 아이론 각 부의 명칭을 쓰고 역할을 설명하시오.

3. 빗의 선택 방법에 대하여 설명하시오.

memo

PART Ⅲ

실무 테크닉

1. 테크닉 준비하기
2. 블로우 드라이 테크닉
3. 아이론 테크닉
4. 베이직 블로우 드라이 & 아이론 연출

Chapter. 1

테크닉 준비하기

Techniquesto prepare

학습 목표

- 모발 상태와 헤어디자인에 따라 블로우 드라이어, 헤어 매직기, 헤어브러시 등의 기기 및 도구를 선정할 수 있다.
- 헤어 매직기를 사용하여 모발을 스트레이트형태로 할 수 있다.
- 모발 상태와 헤어디자인에 따라 기기의 온도, 각도와 방향, 텐션 등을 조절할 수 있다.
- 블로우 드라이어를 사용하여 모발을 인컬, 아웃컬의 형태로 드라이할 수 있다.
- 헤어 매직기를 사용하여 모발을 인컬, 아웃컬의 형태로 할 수 있다.
- 블로우 드라이어를 사용하여 모발을 S컬의 형태로 드라이할 수 있다.
- 헤어 매직기를 사용하여 모발을 S컬의 형태로 연출할 수 있다.
- 콤아웃 기법과 헤어스타일 연출 제품 등을 사용하여 헤어스타일을 완성할 수 있다.

1. 재료 준비하기

1. 드라이 재료

홀더, 통가발, 드라이기, 바구니, 흰타올, 분무기, 핀셋, 꼬리빗, 롤빗(대, 중, 소), S브러시

2. 아이론 재료

홀더, 통가발, 아이론, 바구니, 타올, 분무기, 핀셋, 꼬리빗, S브러시

① **홀더** : 책상에 쇠를 걸어 달고, 그 위에 마네킨을 꽂아 고정하여 사용할 수 있는 도구

② **통가발** : 마네킨에 모발이 심겨 있어 사람의 두상과 같은 모습을 하고 있으며 가모, 인모 등으로 나뉘어 사용됨

③ **드라이기, 아이론** : 모발에 I, C, S형 등의 모양을 만들기 위해 사용하는 기기

④ **바구니** : 각종 미용 도구 및 기기들을 담기 위한 도구(추락 시 손상될 위험이 있어 바구니에 담아 안전하게 사용하는 것이 좋음)

⑤ **타올** : 모발의 수분을 닦아내거나 시술자의 손을 닦는 등 주로 청결을 위해 사용함

⑥ **분무기** : 모발에 수분을 공급하기 위해 사용

⑦ **핀셋** : 모발을 나누어 다발 형태로 잡아둘 수 있는 도구

⑧ **롤빗** : 드라이기와 함께 사용되는 도구로 모발에 모양을 만들기 위해 사용하며 두상 전체를 가로로 3등분 하였을 때, 가장 아랫단은 소롤, 중간 단은 중롤, 윗단은 대롤로 진행함. 탄탄하게 받혀주는 하단을 만들기 위해 소롤, 중간에서 자연스럽게 연결해주는 중롤, 윗 부분의 자연스러운 볼륨감과 끝맺음을 위해 대롤 사용, 크기별로 나누어서 사용

⑨ **꼬리빗** : 빗살이 촘촘하여 고른 빗질에 용이하고, 빗 꼬리가 뾰족해 블로킹 및 슬라이스 등 패널을 만들기 적합함

⑩ **S브러시** : 많은 모량을 한 번에 빗질하기 좋음

2. 블로킹

블로킹이란 10만개의 모발을 큰 구역으로 나누어 미용 시술을 용이하게 하는 선작업이다. 정확한 시술과 시간 단축으로 블로우 드라이 및 아이론 시술에 꼭 필요한 작업이다.

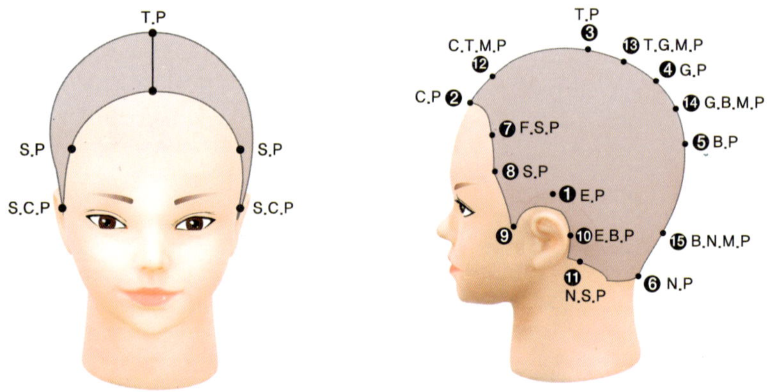

그림 4-1 블로킹을 위한 두상의 포인트 알기

① E.P(Ear Point)

② C.P(Center Point)

③ T.P(Top Point)

④ G.P(Golden Point)

⑤ B.P(Back Point)

⑥ N.P(Nape Point)

⑦ F.S.P(Front side Point)

⑧ S.P(Side Point)

⑨ S.C.P(Side comer Point)

⑩ E.B.P(Ear back Point)

⑪ N.S.P(Nape side Point)

⑫ C.T.M.P(Center top medium Point)

⑬ T.G.M.P(Top golden medium Point)

⑭ G.B.M.P(Golden back medium Point)

⑮ B.N.M.P(Back nape medium Point)

1. 4등분 블로킹

① 센터 포인트와 탑 포인트를 연결한다.

② 탑 포인트와 이어 백 포인트를 연결한다.

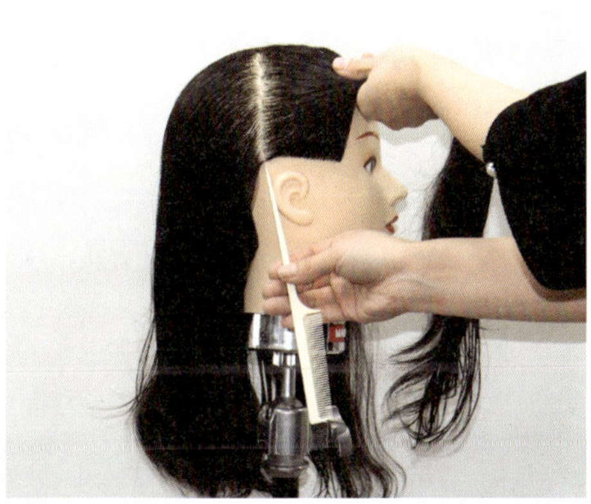

③ 탑 포인트와 네이프 포인트를 연결한다.

④ 4등분 블로킹을 완성한다. 4등분 블로킹은 스파니엘 형 아웃컬, 이사도라 형 인컬, S웨이브 등의 헤어 스타일링에 사용된다.

2. 5등분 블로킹

① 양쪽 프론트 사이드 포인트와 탑 포인트를 연결하여 사각형의 블로킹을 만든다.

② 사각형의 블로킹과 이어 백 포인트를 연결한다.

③ 사각형의 탑 포인트와 네이프 포인트를 연결한다.

④ 5등분 블로킹을 완성한다. 5등분 블로킹은 그라데이션 형 인컬, 뱅(앞머리)이 있는 S웨이브 등의 헤어 스타일링에 사용된다.

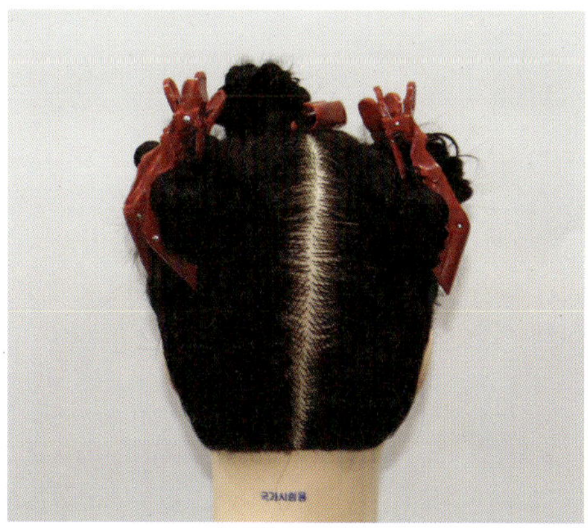

3. 드라이기 사용 방법

① 드라이에 사용되는 롤은 손잡이 전체를 움켜쥐듯 잡고 엄지와 검지 손가락으로 롤을 굴려 가며 사용한다.

② 드라이 송풍구의 노즐과 빗이 정확히 1:1로 맞닿을 수 있도록 하며, 이때 노즐의 삼분의 일을 열어 드라이가 진행되는 방향으로 바람이 흐를 수 있도록 한다. (완전히 닿는 경우 모발이 타거나 수분이 과하게 증발될 수 있다.)

③ 패널을 넓게 펴서 모발이 뭉침없이 골고루 펴질 수 있도록 한다. 모발을 모아 잡아 모발이 뭉쳐있는 경우 정확한 헤어스타일링을 할 수 없다.

④ 패널의 폭은 롤빗 보다 양쪽이 1센치 작게 탄다. 패널의 폭이 넓어지면 오른쪽 사진처럼 모발이 넘칠 수 있으므로 왼쪽 사진처럼 진행한다.

⑤ 드라이 진행 전 항상 롤빗으로 패널을 깨끗하게 빗질하여 모발의 분배를 정확하게 한다.

⑥ 위 사항들을 엄수하여 드라이한다.

4. 아이론 사용 방법

① 핸들 전체를 움켜쥐듯 잡는다. 열판이 매우 뜨거워 화상을 입을 위험이 있으므로 주의한다.

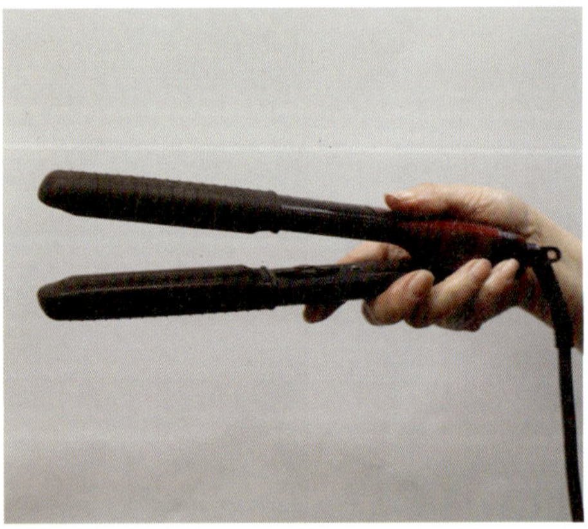

② 아이론과 빗은 항상 함께 무빙한다.

③ 패널에 고른 빗질과 함께 손가락으로 텐션을 주어 모양이 골고루 분배될 수 있도록 한다.

④ 아이론이 들어가기 전 빗이 먼저 패널에 들어가 위치한다.

⑤ 빗이 먼저 들어간 후 아이론이 들어간다.

⑥ 빗과 아이론이 함께 무빙하며 모발 끝으로 이동한다. 이때 동일한 텐션과 속도를 유지한다.

⑦ 동일한 텐션과 속도를 유지하며 모발 끝까지 내려간다. 만약 모발 끝이 손상되어 있다면 무빙 속도를 조금 빨리한다.

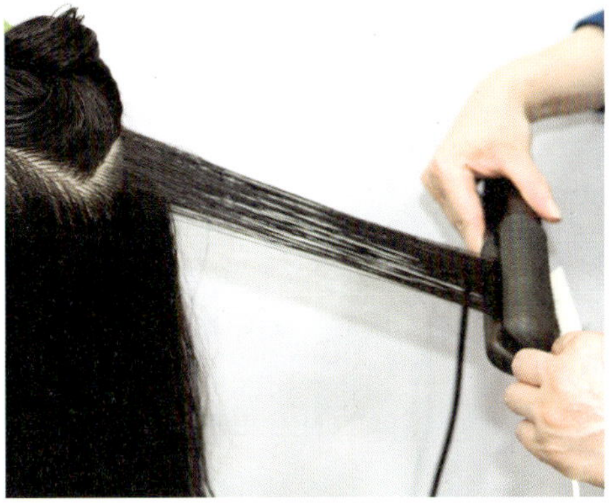

5. 각도에 따른 볼륨

1. 드라이 볼륨

① 논 스템 롤러 컬 : 전방 45도

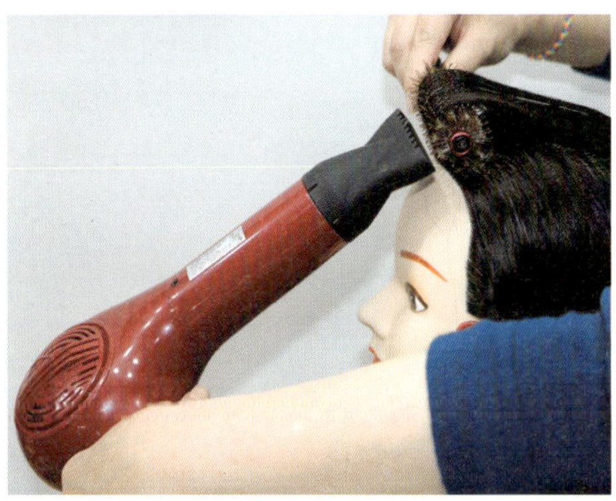

② 최대 볼륨

③ 하프 스템 롤러 컬 : 두상에서 90도

④ 적당한 볼륨

⑤ 롱 스템 롤러 컬 : 후방 45도

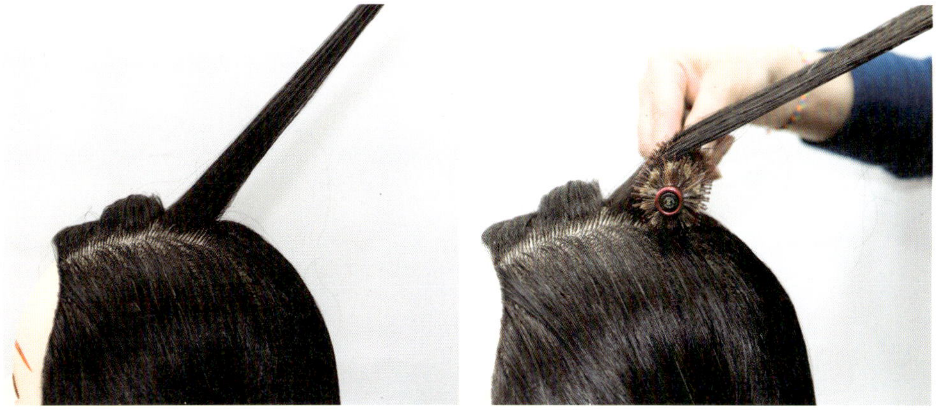

⑥ 낮은 볼륨

⑦ 각도별 볼륨 비교

2. 아이론 볼륨

① 논 스템 아이론 컬

② 하프 스템 아이론 컬

③ 롱 스템 아이론 컬

④ 각도별 볼륨 비교

6. 샴푸와 핸드드라이

1. 샴푸shampooing

(1) 샴푸의 정의

샴푸shampooing는 피지와 먼지, 제품 등으로 오염된 두피와 모발의 때를 제거하여 깨끗하고 청결하게 하며 두피에 적당한 자극을 주어 모발의 성장을 촉진하기 위한 것이다.

두피의 오염은 땀과 피지가 섞여 시간이 경과함에 따라 산패되고 오염되어 때가 낀 것이며, 모발의 오염은 두발화장품이나 대기 중의 먼지 등에 의한 것이다. 두피는 오염되면 세균증식이 쉽고 피지와 유기물의 분해가 촉진되어 불쾌한 냄새와 가려움증이 생기게 된다. 그 증상이 심해지면 모공이 막히게 되고 모유두의 기능이 떨어지며 모발의 정상적인 발육이 방해되어 탈모가 유발되는 등의 증상이 나타날 수 있다.

샴푸는 청결의 유지와 함께 여러 가지 헤어스타일을 하기 위한 준비단계이며, 고객이 미용사의 시술에서 만나는 첫 인상이기도 하다.

샴푸의 주된 기능은 모발과 두피의 청결을 위한 것이지만, 샴푸에 대한 즐거운 기대감을 가지는 고객에게 휴식을 제공하기도 한다. 그리고 샴푸 후의 린스의 어원은 "씻다, 헹구다"의 뜻을 가지고 있지만, 린스는 일반적으로 샴푸 후에 린스제 또는 컨디셔너제를 사용하여 모발표면의 정전기를 없애고 자외선 등으로부터 보호함과 동시에 부드럽고 촉촉한 상태로 모발을 정돈하는 역할을 한다.

(2) 샴푸대

머리를 감겨주는 샴푸대는 좌식과 와식으로 구분된다. 좌식샴푸대는 고객을 샴푸의자에 앉게 한 후에 약간 눕는 듯한 상태로 고개만 뒤로 젖혀지게 하여 샴푸하는 것이다. 시술자가 샴푸도기의 뒤편에 서서 무릎을 굽혔다 폈다하며 시술하면 허리를 굽혀 샴푸시술 하는 것 보다 몸에 무리가 가지 않는다. 와식샴푸대는 고객을 샴푸의자에 앉힌 후에 샴푸의자를 펼쳐서 고객이 눕게 되는 상태가 되는 것이며, 좌식과 마찬가지로 샴푸도기 뒤편에 서서 샴푸를 진행한다.

(3) 올바른 샴푸방법

샴푸를 할 때는 모발 및 두피에 맞는 샴푸제를 선택하여 사용한다. 모발에 물을 충분히 적신 후에 샴푸제를 적당량 덜어서 손바닥에서 거품을 낸 후 두피 쪽에서부터 모발 끝쪽으로 샴푸제를 바른다. 그리고 풍부한 거품이 나도록 하여 두피와 모발의 마찰을 줄여주며 세정상태를 확인한 후에 충분하게 헹구어준다. 샴푸가 잘된 모발은 부드럽고 윤이 나며 정전기를 없애며 빗질도 잘된다.

(4) 샴푸를 할 때 주의사항

두피와 모발을 깨끗하게 하고 아름다운 헤어스타일링을 하기 위하여 샴푸를 할 때는 몇 가지 주의사항이 요구된다.

① 물이 두피까지 골고루 스며들게 한다.
② 샴푸할 때 손놀림은 적당한 속도와 리듬감을 가지고 연결동작으로 행한다.
③ 목덜미와 얼굴선을 깨끗하게 씻어준다.
④ 옷깃이 젖지 않도록 주의한다.
⑤ 샴푸를 할 때 물의 온도는 38℃~40℃가 적당하지만, 고객 의향에 따라 물의 온도를 조절한다.
⑥ 샴푸제의 용량은 모발 길이와 양에 따라 적당하게 조절하여 사용한다.
⑦ 손가락 끝의 완충면(지두)을 사용하여 두피를 문지르며 마사지한다.
⑧ 고객의 연령층에 따라 마사지의 강약을 조절한다.
⑨ 프리샴푸를 할 때는 두피를 강하게 자극하는 마사지는 하지 않는다.
⑩ 수분이 흡수된 모발은 팽윤되어 있으므로 비벼서 씻으면 모표피가 손상되므로 주의한다.
⑪ 타올로 물기를 충분히 제거한 후에 드라이기로 모발을 건조시킨다.

(5) 샴푸 시술순서

① 고객에게 가운 착용

② 고객에게 "샴푸실로 오십시오"라고 말하면서 안내

③ 샴푸의자를 손으로 가리키며 "이쪽으로 앉으십시오."하고 안내

④ 고객이 샴푸의자에 앉으면 어깨에 수건cape을 두름

⑤ 사전 샴푸인지 사후 샴푸인지를 잘 파악하여 두피마사지의 강 · 약을 판단

⑥ 샤워기의 물의 양과 온도를 자신의 손목 안쪽에서 먼저 조절

⑦ "고객님, 물의 온도는 괜찮으십니까?"하고 의견을 물어보고 고객의 동의를 얻은 후에 모발을 적심

⑧ 긴 머리의 경우에는 머리끝부터 모발을 적시며 두피 쪽으로 진행, 앞머리–페이스라인–사이드 부분은 얼굴과 귀에 물이 들어가지 않게 손으로 잘 받치고, 네이프 라인도 손으로 받쳐 물에 옷이 젖는 것을 방지

⑨ 적당량의 샴푸제를 손에 덜어 앞머리 가운데부터 사이드(오른쪽 왼쪽 순서는 상관없음), 네이프 순으로 바른 후에 나머지 모발까지 도포

⑩ 양손을 이용하여 페이스 라인부터 지그재그 또는 작은 원을 그리며 중앙부터 연결하여 사이드, 네이프까지 열 손가락을 모두 사용하여 마사지

※ 모발은 절대로 비벼서는 안 된다. 모발과 물이 만나 팽윤된 상태이므로 비비게 되면 모표피가 마찰로 인해 들뜨게 되므로 모발손상이 가중된다.

⑪ 마지막으로 손가락을 빗살처럼 벌려 모발을 가볍게 뒤로 쓸어 거품을 제거하며 고객에게 헹굼 때임을 암시

⑫ 미지근한 물을 사용하여 충분히 헹구고, 샤워기를 들지 않은 손으로는 물을 받아 두피를 철벅이며 헹굼

⑬ 린스를 할 때는 모발 끝에서부터 바르고 가급적 두피에 묻지 않게 도포

⑭ 두피를 적당한 압으로 지압

⑮ 미지근한 물로 충분히 헹굼

⑯ 시술자의 손을 물에 적셔 페이스라인–귀–목덜미 순으로 3번 정도 쓸어 닦아줌

⑰ 수건으로 모발을 닦아주며 감싼 후에 "고객님, 일어나십시오."한다.

⑱ 고객의 경직된 목덜미와 어깨를 가볍게 마사지하며 "고객님, 불편한 곳은 없으십니까?"라며 질문

⑲ 손으로 가야할 곳을 가리키며 "고객님, 자리로 안내해드리겠습니다."하며 좌석으로 안내

타올 드라이

Check Point

블로우 드라이 시작하기 전의 중요한 단계이며 타올 드라이의 정도에 따라 모발손상을 줄일 수 있다. 지두로 사이드 코너 포인트와 관자놀이, 혈점 등의 두피를 지압하면서 물기를 닦아주며, 긴 모발의 머리끝은 수건으로 감싸서 두드린다. 절대 비벼 닦지 않아야 한다.

2. 핸드 드라이hand dry

여기에서 핸드 드라이는 사전 드라이Pre dry와 유사한 개념이다. 샴푸 후에 본격적인 블로우 드라이 스타일링을 하기 전에 드라이기를 사용하여 손으로 건조시키는 단계로써 머리모양의 기본 틀과 모류를 잡아줄 수 있다. 물기를 70~80% 제거함과 동시에 모류의 흐름과 방향을 만들어 가며 본 스타일링을 쉽고 빠르게 하는 과정이다.

(1) 사전 드라이 과정

① 건조한 모발을 진단

② 샴푸를 해서 모발진단

③ 충분한 타올 드라이

④ 젖은 모발을 드라이기로 건조시키면서 모류개선

⑤ 만져보아 눅눅한 정도가 될 때까지 건조시키는 등 수분조절

(2) 핸드 드라이를 할 때 유의사항

① 긴 모발은 모발 무게를 지탱하기 힘들기 때문에 볼륨을 만들기 어렵다.

② 원하는 스타일의 작업이 쉽도록 모양을 만들며 건조시킨다.

③ 볼륨을 만들고자 할 때 모류의 반대방향(모발이 눕는 역방향)으로 말린다.

④ 볼륨을 만들고자 할 때 모근쪽의 모선에 C 커브를 만들어 열풍을 준 후에 찬바람을 이용해 C 커브 공간을 유지한다.

⑤ 열풍만 줄 경우 볼륨이나 형태를 만들어 고정하기 힘들다. 고정되는 시간이 필요하다.

⑥ 드라이기를 들지 않는 손은 리듬을 타며 머리카락을 들어 올리거나 흔들어서 말린다.

⑦ 앞머리가 있는 경우 고객이 원하는 위치로 하여 말린다.

⑧ 모발이 위치해야 할 방향을 알고 핸드드라이 한다.

⑨ 가르마 방향 등 고객희망 스타일을 질문한다.

⑩ 사소한 것도 고객에게 질문하여 고객이 만족할 수 있도록 노력한다.

⑪ 고객이 뜨겁지 않도록 주의한다.

⑫ 시술자의 손이 뜨겁지 않도록 주의한다.

단원평가

▶ 작업장 평가

블로우 드라이 – 샴푸 후 핸드 드라이 실습 과정 사진

모발진단서

고객명			시술일		시술자		
모질	□ 굵음	□ 보통	□ 가늚	모량	□ 많다	□ 중간	□ 적다
손상 부위	□ 전체	□ 모발끝	□ 기타	컬러	□ 유 □ 무	□ 탈색	□ 기타
젖은 모발 감촉							

나의 완성 작품

앞모습	뒷모습
오른쪽 모습	왼쪽 모습

Chapter. 2

블로우 드라이 테크닉

Blow dry technique

1. 스트레이트

스트레이트straight는 모발을 직모가 되도록 펴주는 블로우 드라이 스타일 기법 중 하나이다. 일직선으로 쭉 펴지는 스타일로 날카롭고 강인한 인상을 주며, 정적인 스타일에 속한다. 젊은 층의 여성들이 선호하는 스타일이다.

1. 페러렐 형태

모발 끝이 수평의 형태를 갖는다.

① 페러렐 형 스트레이트 블로우 드라이를 위해 4등분 블로킹을 하여 섹션은 수평, 슬라이스는 롤 지름 크기, 패널 폭은 롤보다 1cm 작게 한 후 패널을 만든다. 적당한 수분이 있는지 체크하여 부족 시 분무기를 이용해 수분을 공급한다.

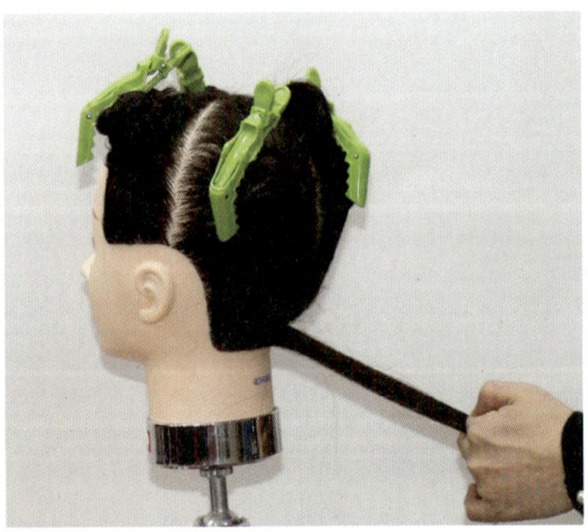

② 패널 안쪽 모근부에 롤 빗(소)을 넣고 모발을 당겨 텐션을 준다. 텐션을 주지 않으면 모발의 분배가 달라져 뭉침, 처짐, 들뜸이 생기고 균일한 스타일링을 하기 어렵다.

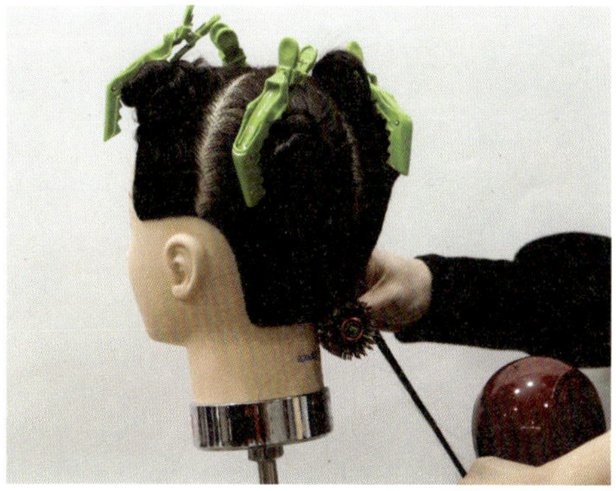

③ 롤빗 위로 드라이기를 평행하게 두고 텐션을 가한다.

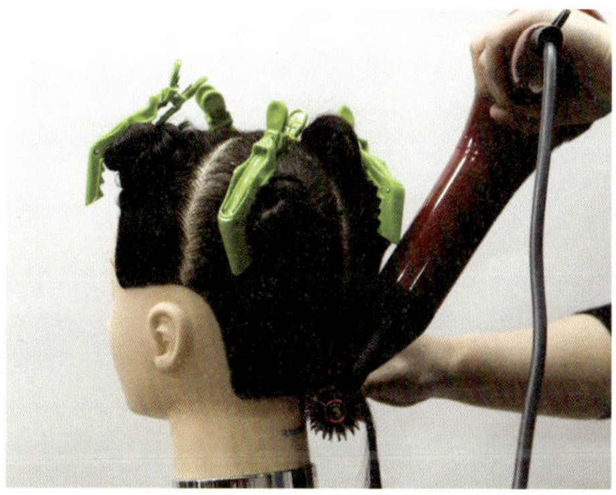

④ 두상에서 90도 각도로 모발 끝까지 텐션을 주며 무빙한다. 동일한 방법으로 한 번 더 시술한다. 첫 번째는 모발을 예열하는 작업으로, 두 번째 작업은 모발을 스트레이트 하기 위한 작업으로 행한다.

⑤ 동일한 방법으로 네이프 포인트에서 탑 포인트까지 진행한다.

⑥ 새로운 패널을 잡을 때 롤빗의 꼬리 부분을 이용한다.

⑦ 탑 포인트로 올라갈수록 두상 각 90도가 높아지므로 시술자와 높낮이를 맞추기 위해 홀더를 낮추어 작업하거나 패널을 들어 올려 작업한다. 또한 롤의 크기도 소로 시작하여 백 포인트에서 중, 탑 포인트에서는 대로 진행한다. 하단부에서 소자로 탄탄하게 지지해주는 모발을 만들고, 중자로 중간에서 부드럽게 이어주며 대자로 상단부의 자연스러운 볼륨과 끝맺음을 한다.

⑧ 특히 탑 포인트는 두상 각 90도가 높기 때문에 각도가 잘 올라가져 있는지 확인하면서 진행한다. 각도가 낮아지면 모근부의 볼륨감, 즉 공기감이 없어지고 모근부는 드라이가 되지 않는다.

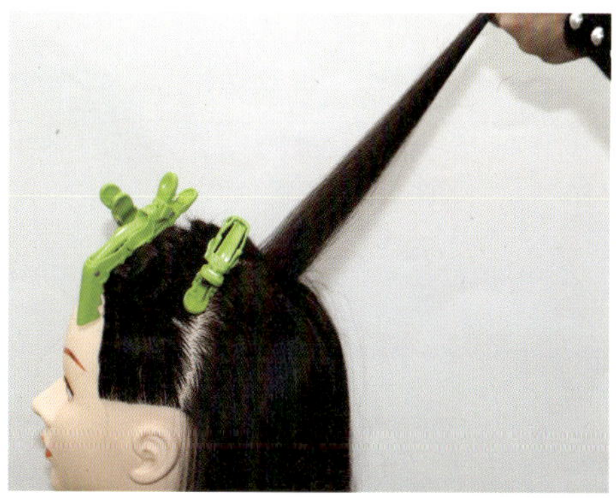

⑨ 스트레이트 블로우 드라이가 완성된 백 부분의 모습이다.

⑩ 사이드를 진행할 때는 백 부분과 갈라짐이 생기지 않도록 백 부분의 모발을 함께 잡아 드라이한다.

⑪ 사이드 패널 전체를 한 번에 잡을시 빗보다 패널의 폭이 넓어져 롤 빗 밖으로 모발이 넘치므로 패널의 폭은 롤 빗 양쪽 1cm를 남길 수 있는 정도로 잡는다.

⑫ 두상 각 90도를 유지하고, 동일한 텐션을 주어 진행한다.

⑬ 특히 탑 포인트로 올라갈수록 두상 각 90도를 잘 유지하여 부드럽고 자연스러운 볼륨감을 낼 수 있도록 한다.(하프 스템 롤러 컬)

⑭ 모근부를 충분히 세워 드라이 하였다면 패널의 중간, 끝 부분은 각도를 낮춰 시술자가 편리한 자세에서 드라이할 수 있도록 한다.

⑮ 페러렐 형 스트레이트 블로우 드라이가 완성된 모습이다.

단원평가

▶ 작업장 평가

블로우 드라이 – 스트레이트 실습 과정 사진

모발진단서

<table>
<tr><td>고객명</td><td></td><td>시술일</td><td></td><td>시술자</td><td></td></tr>
<tr><td>모질</td><td colspan="2">☐ 굵음 ☐ 보통 ☐ 가늚</td><td>모량</td><td colspan="2">☐ 많다 ☐ 중간 ☐ 적다</td></tr>
<tr><td>손상 부위</td><td colspan="2">☐ 전체 ☐ 모발끝 ☐ 기타</td><td>컬러</td><td colspan="2">☐ 유 ☐ 무 ☐ 탈색 ☐ 기타</td></tr>
<tr><td colspan="2">젖은 모발 감촉</td><td colspan="4"></td></tr>
</table>

나의 완성 작품

앞모습	뒷모습
오른쪽모습	왼쪽모습

▶ 평가자와 피평가자 체크리스트

자가진단 및 교수자 평가

<table>
<tr><th rowspan="2">진단영역</th><th rowspan="2">진단 문항</th><th colspan="5">자가진단</th><th colspan="5">교수자 진단</th></tr>
<tr><th>매우 미흡</th><th>미흡</th><th>보통</th><th>우수</th><th>매우 우수</th><th>매우 미흡</th><th>미흡</th><th>보통</th><th>우수</th><th>매우 우수</th></tr>
<tr><td rowspan="5">스트레이트 드라이하기 121010123 _17v4.1</td><td>모발 상태와 헤어디자인에 따라 블로우 드라이어, 헤어 매직기, 헤어브러시 등의 기기 및 도구를 선정할 수 있다.</td><td>①</td><td>②</td><td>③</td><td>④</td><td>⑤</td><td>①</td><td>②</td><td>③</td><td>④</td><td>⑤</td></tr>
<tr><td>블로우 드라이어를 사용하여 모발을 스트레이트 형태로 드라이할 수 있다.</td><td>①</td><td>②</td><td>③</td><td>④</td><td>⑤</td><td>①</td><td>②</td><td>③</td><td>④</td><td>⑤</td></tr>
<tr><td>헤어 매직기를 사용하여 모발을 스트레이트형태로 할 수 있다.</td><td>①</td><td>②</td><td>③</td><td>④</td><td>⑤</td><td>①</td><td>②</td><td>③</td><td>④</td><td>⑤</td></tr>
<tr><td>모발 상태와 헤어디자인에 따라 기기의 온도, 각도와 방향, 텐션 등을 조절할 수 있다.</td><td>①</td><td>②</td><td>③</td><td>④</td><td>⑤</td><td>①</td><td>②</td><td>③</td><td>④</td><td>⑤</td></tr>
<tr><td>콤아웃 기법과 헤어스타일 연출 제품 등을 사용하여 헤어스타일을 완성할 수 있다.</td><td>①</td><td>②</td><td>③</td><td>④</td><td>⑤</td><td>①</td><td>②</td><td>③</td><td>④</td><td>⑤</td></tr>
</table>

[진단결과]

<table>
<tr><th rowspan="2">능력단위요소</th><th colspan="3">자가진단</th><th colspan="3">교수자 진단</th></tr>
<tr><th>문항수</th><th>점수</th><th>평균
(점수÷문항수)</th><th>문항수</th><th>점수</th><th>평균
(점수÷문항수)</th></tr>
<tr><td>스트레이트 드라이하기</td><td>5</td><td></td><td></td><td>5</td><td></td><td></td></tr>
<tr><td>합 계</td><td>5</td><td></td><td></td><td>5</td><td></td><td></td></tr>
</table>

연습작품

▶ 블로우 드라이 – 스트레이트 스타일을 한번 더 해봅시다!

모발진단서

고객명		시술일		시술자	
모질	□ 굵음 □ 보통 □ 가늚	모량	□ 많다 □ 중간 □ 적다		
손상부위	□ 전체 □ 모발끝 □ 기타	컬러	□ 유 □ 무 □ 탈색 □ 기타		
젖은 모발 감촉					

나의 완성 작품

앞모습	뒷모습
오른쪽 모습	왼쪽 모습

2. 안말음

안말음in curl or in curve은 모발 끝단이 안쪽으로 말려 들어간 블로우 드라이 스타일 기법 중 하나이다. 층이 없는 커트스타일에 안말음은 여성스럽고 정적으로 보이며, 층이 있는 경우는 다소 동적이며 발랄한 이미지를 갖는다. 전체적으로 여성스럽고 비교적 차분한 이미지로 폭넓은 연령층의 여성들이 좋아하는 스타일이다.

1. 스파니엘 형태

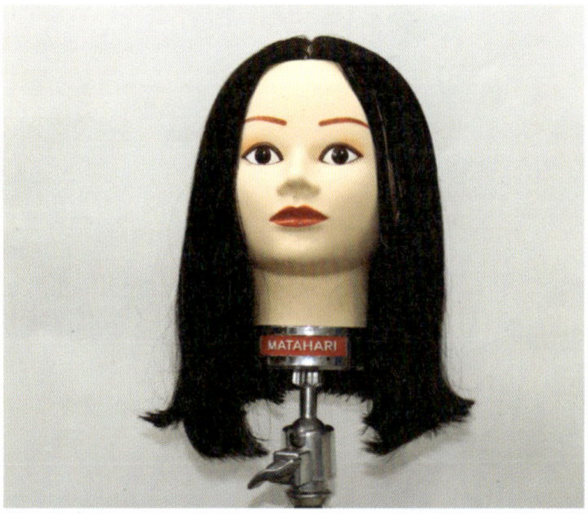

전대각 형으로 뒷머리 보다 앞머리가 긴 형태이다.

① 스파니엘 형 안말음 블로우 드라이를 위해 4등분 블로킹 한 후 섹션은 수평, 슬라이스는 롤 지름 크기, 페널 폭은 롤 보다 1cm 작게 하여 패널을 만든다. 적당한 수분이 있는지 체크하여 부족 시 분무기를 이용해 수분을 공급한다.

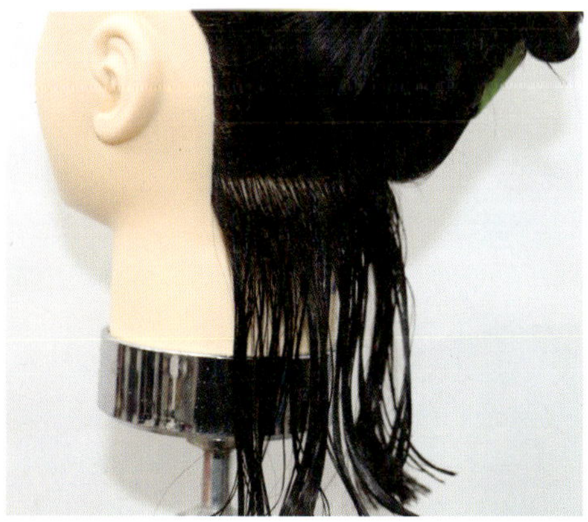

② 첫 번째 무빙은 모발에 예열(선 작업)을 주는 작업으로 고른 수분 분포와 정확한 스타일링을 위해 진행한다.

③ 두 번째 무빙은 예열된 모발에 본처리를 하는 작업으로 동일한 텐션과 속도로 진행한다.

④ 안말음 효과를 만들기 위해 모발 끝에서 롤빗을 감아올린다. 이때 1~1.5 바퀴를 감아올려 정확한 C컬을 만들 수 있도록 한다. 2바퀴 이상 감아올리면 S컬의 형태를 보일 수 있으므로 주의한다.

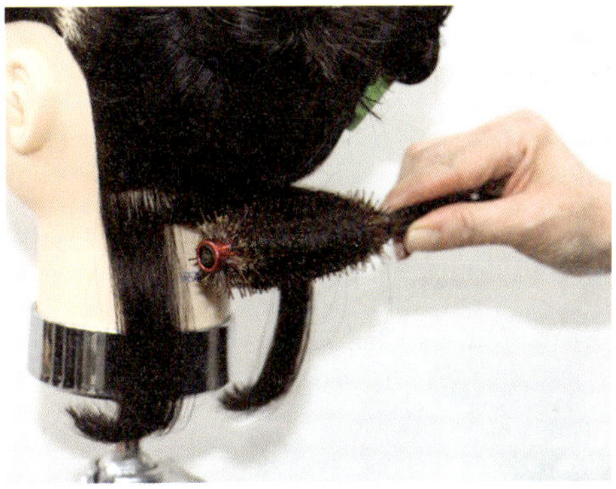

⑤ 스트레이트 스타일링의 경우 패널의 한쪽 면에만 열처리를 했지만 안말음의 경우 정확한 C컬을 만들기 위해 패널(감아올린 모발 끝)의 아랫방향에서도 열처리를 한다.

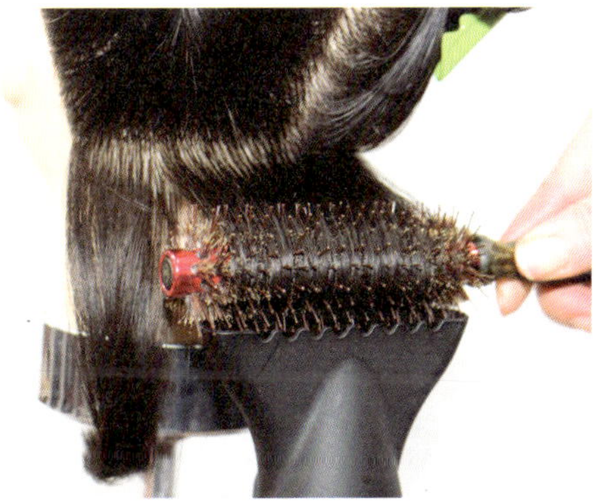

⑥ 완성된 첫 단의 안말음 모습이다.

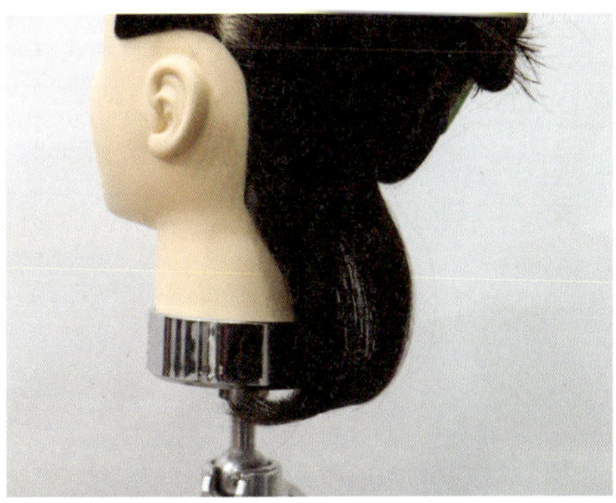

⑦ 위와 같은 방법으로 네이프 포인트에서 탑 포인트 방향으로 진행한다. 이때 두상 각 90도를 유지하면서 진행해야 자연스러운 볼륨감을 연출할 수 있다. 또한 빗의 크기를 점점 크게하여 자연스러운 볼륨감과 아웃라인을 만들 수 있도록 한다.

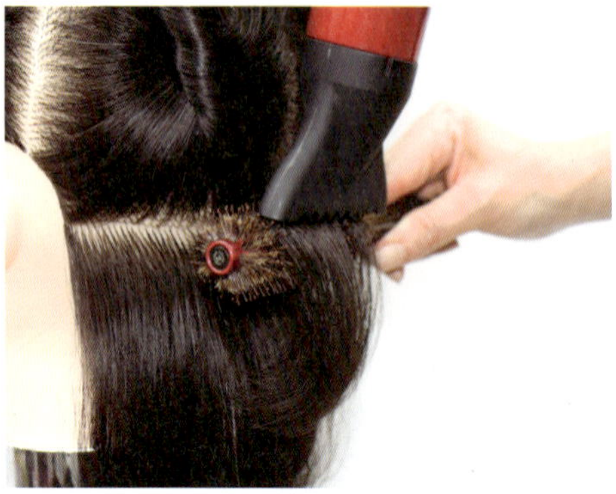

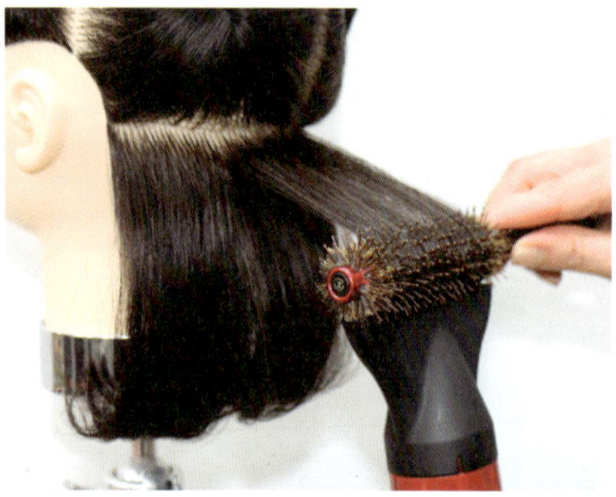

⑧ 탑 포인트는 두상 각 90도(하프 스템 롤러 컬)로 패널을 들어 올려 진행한다. 시술자가 편한 높이를 맞출 수 있도록 홀더의 높낮이를 조절한다. 만약 최대치의 볼륨을 원한다면 전방 45도(논 스템 롤러 컬) 각도로 패널을 밀면서 진행한다.

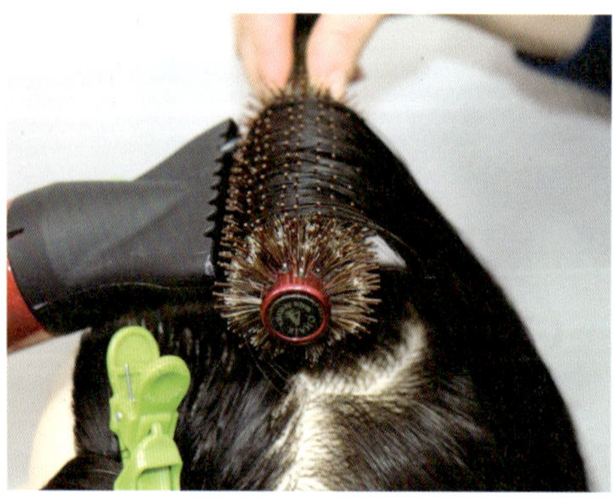

⑨ 모근부의 볼륨을 확실히 만들고 난 후 패널 중간 부분은 각도를 낮춰 시술자가 시술을 용이하게 할 수 있도록 한다. 모발 끝 안말음 효과를 확실하게 주기 위해 위, 아래 양방향으로 열처리를 한다.

⑩ 안말음 블로우 드라이가 완성된 백 부분의 모습이다.

⑪ 백과 사이드가 갈라지지 않게 하기 위해 두 블로킹의 모발을 함께 잡아 드라이한다. 백 부분과 같은 방법으로 진행한다.

⑫ 탑 부분의 자연스러운 볼륨감을 위해 두상 각 90도(하프 스템 롤러 컬)를 유지하면서 진행한다.

⑬ 스파니엘 형 안말음 블로우 드라이가 완성된 모습이다.

2. 그라데이션 형태

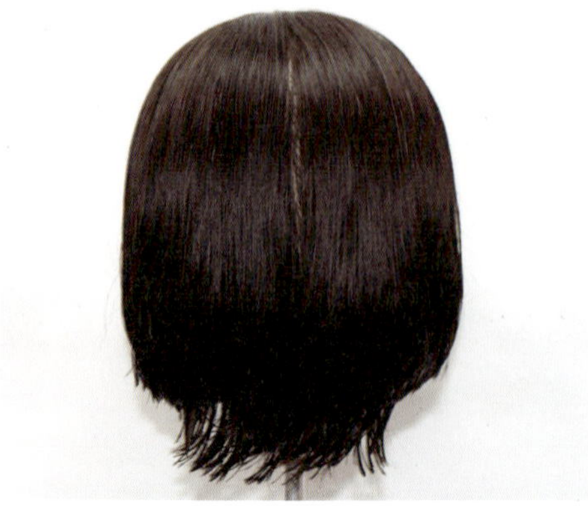

45도 각도로 커트하여 층이 있는 형태이다.

① 그라데이션 형 안말음 블로우 드라이를 위해 5등분 블로킹하여 섹션은 수평, 슬라이스는 롤 지름 크기, 패널 폭은 롤 보다 1cm 작게 하여 패널을 만든다. 적당한 수분이 있는지 체크하여 부족 시 분무기를 이용해 수분을 공급한다.

② 블로우 드라이 방법은 스파니엘 형 안말음과 같다. 패널 안쪽 모근부에 롤빗(소)을 넣고 모발을 당겨 텐션을 준다. 롤빗 위로 드라이기를 평행하게 두고 텐션을 가한다. 두상에서 90도 각도로 모발 끝까지 텐션을 주며 무빙한다. 이때 1~1.5 바퀴를 감아올려 정확한 C컬을 만들 수 있도록 하며 페널의 위, 아래 양방향으로 열처리를 한다.

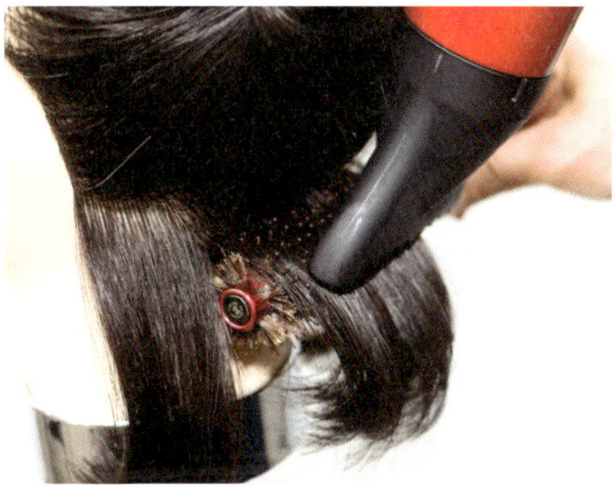

③ 같은 방법으로 네이프 포인트에서 탑 포인트 방향으로 진행하며 롤의 크기를 점점 크게 하여 자연스러운 볼륨감과 아웃라인을 만든다.

④ 백 포인트까지 완성된 그라데이션 형 안말음 블로우 드라이의 모습이다.

⑤ 탑 포인트의 경우 두상 각 90도가 높아지므로 홀더의 높낮이를 조절하여 시술자가 용이하게 시술할 수 있도록 한다.

⑥ 동일한 텐션, 속도를 유지하며 모발 끝까지 무빙한다. 모발 끝에서 1~1.5 바퀴를 감아올리고 패널의 위, 아래 양방향에서 열처리를 하여 정확한 안말음 C컬이 될 수 있도록 한다.

⑦ 그라데이션 형 안말음 블로우 드라이가 완성된 백 부분의 모습이다.

⑧ 위와 같은 방법으로 진행된 그라데이션 형 안말음 블로우 드라이가 완성된 사이드 부분의 모습이다.

⑨ 탑의 사각형 블로킹 뒤부터 두상 각 90도(하프 스템 롤러 컬)로 패널을 들어 올려 드라이 한다.

⑩ 점차 앞쪽으로 패널을 만들어 드라이한다. 최대치의 볼륨감을 원한다면 전방 45도(논 스템 롤러 컬)로, 낮은 볼륨감을 원한다면 후방 45도(롱 스템 롤러 컬)로 진행한다.

⑪ 그라데이션 형 안말음 블로우 드라이가 완성된 모습이다.

단원평가

▶ 작업장 평가

블로우 드라이 – 안말음 실습 과정 사진

모발진단서

고객명		시술일		시술자	
모질	□ 굵음 □ 보통 □ 가늚		모량	□ 많다 □ 중간 □ 적다	
손상 부위	□ 전체 □ 모발끝 □ 기타		컬러	□ 유 □ 무 □ 탈색 □ 기타	
젖은 모발 감촉					

나의 완성 작품

앞모습	뒷모습
오른쪽모습	왼쪽모습

▶ 평가자와 피평가자 체크리스트

자가진단 및 교수자 평가

진단영역	진단 문항	자가진단					교수자 진단				
		매우 미흡	미흡	보통	우수	매우 우수	매우 미흡	미흡	보통	우수	매우 우수
스트레이트 드라이하기 121010123_17v4.1	모발 상태와 헤어디자인에 따라 블로우 드라이어, 헤어 매직기, 헤어브러시 등의 기기 및 도구를 선정할 수 있다.	①	②	③	④	⑤	①	②	③	④	⑤
	블로우 드라이어를 사용하여 모발을 스트레이트 형태로 드라이할 수 있다.	①	②	③	④	⑤	①	②	③	④	⑤
	헤어 매직기를 사용하여 모발을 스트레이트형태로 할 수 있다.	①	②	③	④	⑤	①	②	③	④	⑤
	모발 상태와 헤어디자인에 따라 기기의 온도, 각도와 방향, 텐션 등을 조절할 수 있다.	①	②	③	④	⑤	①	②	③	④	⑤
C컬 드라이하기 121010123_17v4.2	모발 상태와 헤어디자인에 따라 블로우 드라이어, 헤어 매직기, 헤어브러시 등의 기기 및 도구를 선정할 수 있다.	①	②	③	④	⑤	①	②	③	④	⑤
	블로우 드라이어를 사용하여 모발을 스트레이트 형태로 드라이할 수 있다.	①	②	③	④	⑤	①	②	③	④	⑤
	헤어 매직기를 사용하여 모발을 스트레이트형태로 할 수 있다.	①	②	③	④	⑤	①	②	③	④	⑤
	콤아웃 기법과 헤어스타일 연출 제품 등을 사용하여 헤어스타일을 완성할 수 있다.	①	②	③	④	⑤	①	②	③	④	⑤

[진단결과]

능력단위요소	자가진단			교수자 진단		
	문항수	점수	평균 (점수÷문항수)	문항수	점수	평균 (점수÷문항수)
스트레이트 드라이하기	4			4		
C컬 드라이하기	4			4		
합 계	8			8		

연습작품

▶ 블로우 드라이 – 안말음 스타일을 한번 더 해봅시다!

모발진단서

고객명		시술일		시술자	
모질	□ 굵음 □ 보통 □ 가늘	모량	□ 많다 □ 중간 □ 적다		
손상 부위	□ 전체 □ 모발끝 □ 기타	컬러	□ 유 □ 무 □ 탈색 □ 기타		
젖은 모발 감촉					

나의 완성 작품

앞모습	뒷모습
오른쪽 모습	왼쪽 모습

3. 바깥말음

바깥말음out curl or out curve은 모발 끝단이 바깥쪽으로 뒤집히는 블로우 드라이 스타일 기법 중 하나이다. 층이 없는 커트스타일에 바깥말음은 안말음 보다 방향성은 크지만 정적인 느낌이며, 층이 있는 경우는 동적이며 발랄한 이미지를 갖는다. 전체적으로 여성스러우며 역동적인 이미지로 헤어스타일링 중에서 부분적으로도 많이 쓰인다. 컬의 뻗침 정도에 따라 이미지가 다르게 보이며 연령에 관계없이 선호하는 스타일이다.

1. 이사도라 형태

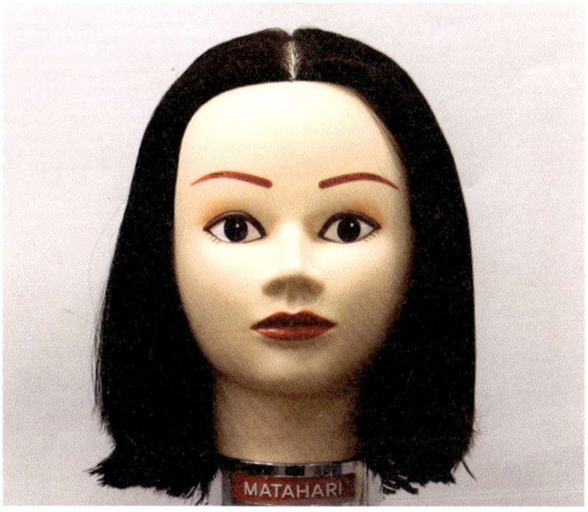

후대각 형으로 뒷머리 보다 앞머리가 짧은 형태이다.

① 이사도라 형 바깥말음 블로우 드라이를 위해 4등분 블로킹 하여 섹션은 수평, 슬라이스는 롤 지름 크기, 패널 폭은 롤 보다 1cm 작게 하여 패널을 만든다. 적당한 수분이 있는지 체크하여 부족 시 분무기를 이용해 수분을 공급한다.

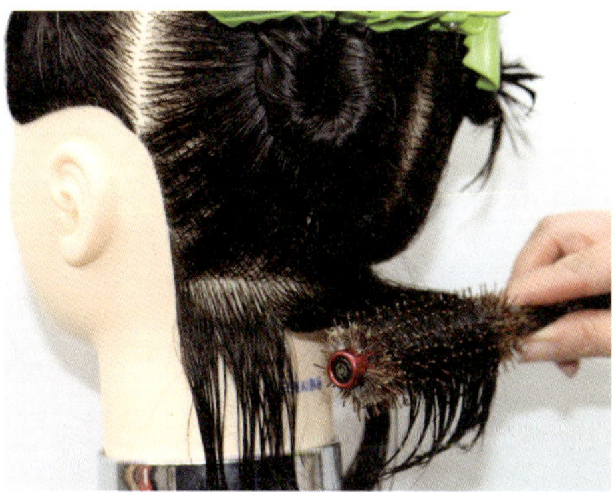

② 패널 안쪽 모근부에 롤빗(소)을 넣고 모발을 당겨 텐션을 준다. 롤빗 위로 드라이기를 평행하게 두고 텐션을 가한다. 두상에서 90도 각도로 모발 끝까지 텐션을 주며 무빙한다. 이때 패널 겉면에서 1~1.5 바퀴를 감아올려 정확한 C컬을 만들 수 있도록 하며 페널의 위, 아래 양방향으로 열처리를 한다.

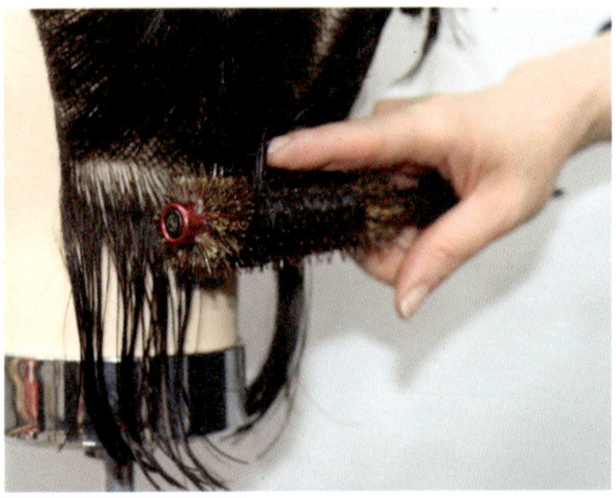

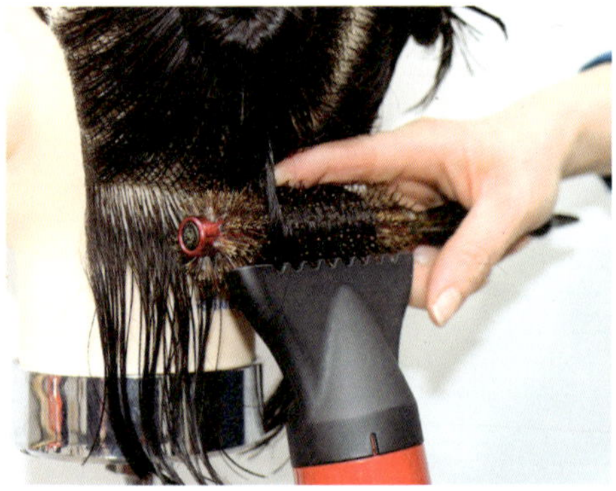

③ 바깥말음으로 드라이된 첫 단의 모습이다. 모발이 너무 짧으면 패널의 겉면에서 모발 끝을 감아올리기 쉽지 않으므로 사전 커트 시 최소 10cm (소롤 1~1.5바퀴 감아올릴 수 있는 길이) 이상의 길이로 커트한다.

④ 같은 방법으로 네이프 포인트에서 탑 포인트 방향으로 진행하며, 롤의 크기를 점점 크게 하여 자연스러운 볼륨감과 아웃라인을 만든다.

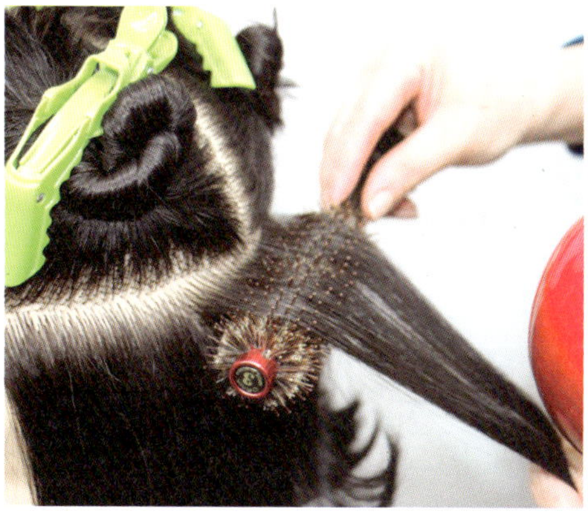

⑤ 탑 포인트의 경우 두상 각 90도가 높아지므로 홀더의 높낮이를 조절하여 시술자가 용이하게 시술할 수 있도록 한다.

⑥ 이사도라 형 바깥말음 블로우 드라이가 완성된 백 부분의 모습이다.

⑦ 위와 같은 방법으로 양쪽 사이드도 드라이한다.

⑧ 이사도라 형 바깥말음 블로우 드라이가 완성된 모습이다.

단원평가

▶ 작업장 평가

블로우 드라이 – 바깥말음 실습 과정 사진

모발진단서

고객명		시술일		시술자	
모질	□ 굵음 □ 보통 □ 가늚	모량	□ 많다 □ 중간 □ 적다		
손상 부위	□ 전체 □ 모발끝 □ 기타	컬러	□ 유 □ 무 □ 탈색 □ 기타		
젖은 모발 감촉					

나의 완성 작품

앞모습	뒷모습
오른쪽 모습	왼쪽 모습

▶ 평가자와 피평가자 체크리스트

자가진단 및 교수자 평가

진단영역	진단 문항	자가진단					교수자 진단				
		매우 미흡	미흡	보통	우수	매우 우수	매우 미흡	미흡	보통	우수	매우 우수
스트레이트 드라이하기 121010123_17v4.1	모발 상태와 헤어디자인에 따라 블로우 드라이어, 헤어 매직기, 헤어브러시 등의 기기 및 도구를 선정할 수 있다.	①	②	③	④	⑤	①	②	③	④	⑤
	블로우 드라이어를 사용하여 모발을 스트레이트 형태로 드라이할 수 있다.	①	②	③	④	⑤	①	②	③	④	⑤
	헤어 매직기를 사용하여 모발을 스트레이트형태로 할 수 있다.	①	②	③	④	⑤	①	②	③	④	⑤
	모발 상태와 헤어디자인에 따라 기기의 온도, 각도와 방향, 텐션 등을 조절할 수 있다.	①	②	③	④	⑤	①	②	③	④	⑤
C컬 드라이하기 121010123_17v4.2	모발 상태와 헤어디자인에 따라 블로우 드라이어, 헤어 매직기, 헤어브러시 등의 기기 및 도구를 선정할 수 있다.	①	②	③	④	⑤	①	②	③	④	⑤
	블로우 드라이어를 사용하여 모발을 스트레이트 형태로 드라이할 수 있다.	①	②	③	④	⑤	①	②	③	④	⑤
	헤어 매직기를 사용하여 모발을 스트레이트형태로 할 수 있다.	①	②	③	④	⑤	①	②	③	④	⑤
	콤아웃 기법과 헤어스타일 연출 제품 등을 사용하여 헤어스티일을 완성할 수 있다.	①	②	③	④	⑤	①	②	③	④	⑤

[진단결과]

능력단위요소	자가진단			교수자 진단		
	문항수	점수	평균 (점수÷문항수)	문항수	점수	평균 (점수÷문항수)
스트레이트 드라이하기	4			4		
C컬 드라이하기	4			4		
합 계	8			8		

연습작품

▶ 블로우 드라이 – 바깥말음 스타일을 한번 더 해봅시다!

모발진단서

<table>
<tr><td>고객명</td><td colspan="2"></td><td>시술일</td><td></td><td>시술자</td><td></td></tr>
<tr><td>모질</td><td colspan="3">□ 굵음 □ 보통 □ 가늚</td><td>모량</td><td colspan="2">□ 많다 □ 중간 □ 적다</td></tr>
<tr><td>손상
부위</td><td colspan="3">□ 전체 □ 모발끝 □ 기타</td><td>컬러</td><td colspan="2">□ 유 □ 무 □ 탈색 □ 기타</td></tr>
<tr><td colspan="2">젖은 모발 감촉</td><td colspan="5"></td></tr>
</table>

나의 완성 작품

앞모습	뒷모습
오른쪽 모습	왼쪽 모습

4. 포워드 S형 웨이브

S 컬은 대부분의 여성들이 선호하는 스타일로 앞에서 봤을 때 컬이 얼굴 쪽으로 감기는 포워드 컬forward curl, 얼굴 뒤쪽으로 감기는 리버스 컬revers curl로 구분된다.

포워드 S 컬forward S curl은 층이 있는 긴 머리에 적합하며 여성스럽고 우아하다. 리버스 컬보다 비교적 다소곳한 이미지이며 폭 넓은 연령층의 여성들이 선호하는 스타일로 지적인 이미지를 갖는다.

1. 포워드 웨이브

① 롤빗의 폭보다 양쪽이 1cm 작은 세로형 패널을 만든다.

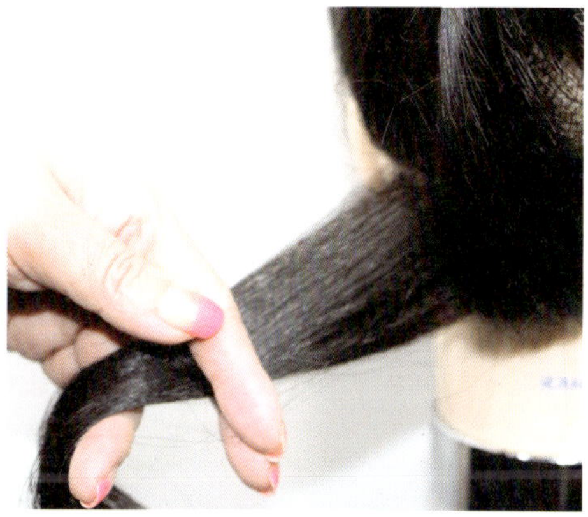

② 세로형 패널에 맞춰 롤빗을 세로로 세운 뒤 패널을 얼굴 방향으로 잡아 돌린다.

③ S형 웨이브를 만들기 위해 패널을 2바퀴 이상 감아준다. 이때 모선이 오버랩되지 않도록 대각으로 감는다.

④ 롤빗에 감긴 모발을 열처리한다. 이때 위, 아래 양방향으로 열처리하면 더욱 효과적인 S형 웨이브를 만들 수 있다.

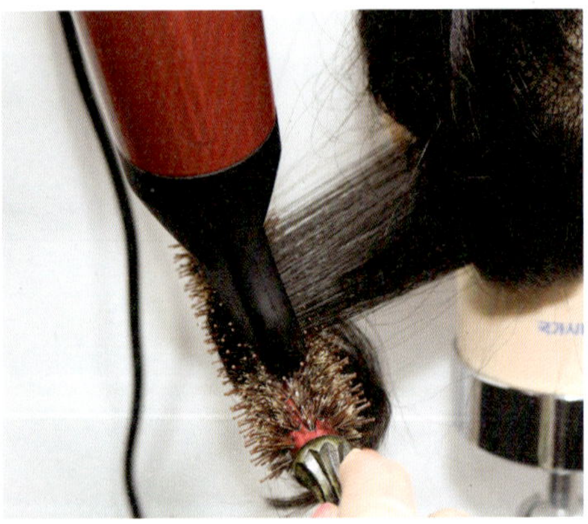

⑤ 열처리 후 바로 롤빗을 빼내면 남아있는 열로 인해 웨이브가 늘어질 수 있으므로 열처리 후 2~3초간 열을 식혀 준 뒤 롤빗을 빼낸다.

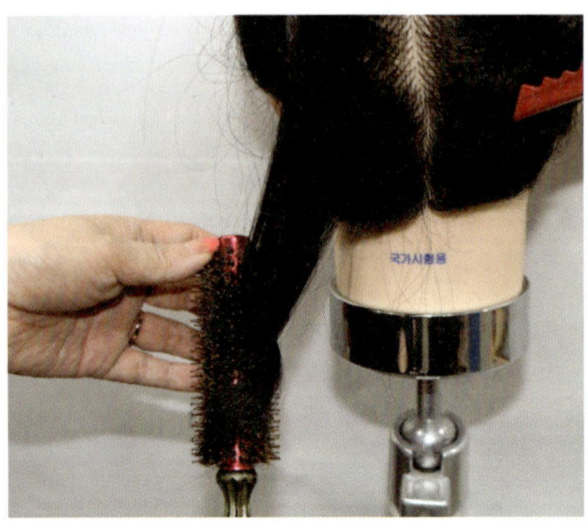

⑥ 탄탄한 웨이브를 만들기 위해 롤빗을 굴려가며 빼낸다.

⑦ 완성된 포워드(얼굴 방향) S형 웨이브의 모습이다.

단원평가

▶ 작업장 평가

블로우 드라이 – 포워드 S 형 웨이브 실습 과정 사진

모발진단서

고객명		시술일		시술자	
모질	□ 굵음 □ 보통 □ 가늚		모량	□ 많다 □ 중간 □ 적다	
손상 부위	□ 전체 □ 모발끝 □ 기타		컬러	□ 유 □ 무 □ 탈색 □ 기타	
젖은 모발 감촉					

나의 완성 작품

앞모습	뒷모습
오른쪽 모습	왼쪽 모습

▶ 평가자와 피평가자 체크리스트

자가진단 및 교수자 평가

진단영역	진단 문항	자가진단					교수자 진단				
		매우 미흡	미흡	보통	우수	매우 우수	매우 미흡	미흡	보통	우수	매우 우수
스트레이트 드라이하기 121010123_17v4.1	모발 상태와 헤어디자인에 따라 블로우 드라이어, 헤어 매직기, 헤어브러시 등의 기기 및 도구를 선정할 수 있다.	①	②	③	④	⑤	①	②	③	④	⑤
	블로우 드라이어를 사용하여 모발을 스트레이트 형태로 드라이할 수 있다.	①	②	③	④	⑤	①	②	③	④	⑤
	헤어 매직기를 사용하여 모발을 스트레이트형태로 할 수 있다.	①	②	③	④	⑤	①	②	③	④	⑤
	모발 상태와 헤어디자인에 따라 기기의 온도, 각도와 방향, 텐션 등을 조절할 수 있다.	①	②	③	④	⑤	①	②	③	④	⑤
C컬 드라이하기 121010123_17v4.2	모발 상태와 헤어디자인에 따라 블로우 드라이어, 헤어 매직기, 헤어브러시 등의 기기 및 도구를 선정할 수 있다.	①	②	③	④	⑤	①	②	③	④	⑤
	블로우 드라이어를 사용하여 모발을 스트레이트 형태로 드라이할 수 있다.	①	②	③	④	⑤	①	②	③	④	⑤
	헤어 매직기를 사용하여 모발을 스트레이트형태로 할 수 있다.	①	②	③	④	⑤	①	②	③	④	⑤
S컬 드라이하기 121010139_17v4.1	모발 상태와 헤어디자인에 따라 블로우 드라이어, 헤어 매직기, 헤어브러시 등의 기기 및 도구를 선정할 수 있다.	①	②	③	④	⑤	①	②	③	④	⑤
	블로우 드라이어를 사용하여 모발을 스트레이트 형태로 드라이할 수 있다.	①	②	③	④	⑤	①	②	③	④	⑤
	콤아웃 기법과 헤어스타일 연출 제품 등을 사용하여 헤어스타일을 완성할 수 있다.	①	②	③	④	⑤	①	②	③	④	⑤

[진단결과]

능력단위요소	자가진단			교수자 진단		
	문항수	점수	평균 (점수÷문항수)	문항수	점수	평균 (점수÷문항수)
스트레이트 드라이하기	4			4		
C컬 드라이하기	3			3		
S컬 드라이하기	3			3		
합 계	10			10		

연습작품

▶ 블로우 드라이 – 포워드 S형 웨이브 스타일을 한번 더 해봅시다!

모발진단서

<table>
<tr><td>고객명</td><td colspan="2"></td><td>시술일</td><td colspan="2"></td><td>시술자</td><td></td></tr>
<tr><td>모질</td><td colspan="3">□ 굵음 □ 보통 □ 가늚</td><td>모량</td><td colspan="3">□ 많다 □ 중간 □ 적다</td></tr>
<tr><td>손상
부위</td><td colspan="3">□ 전체 □ 모발끝 □ 기타</td><td>컬러</td><td colspan="3">□ 유 □ 무 □ 탈색 □ 기타</td></tr>
<tr><td>젖은 모발 감촉</td><td colspan="7"></td></tr>
</table>

나의 완성 작품

앞모습	뒷모습
오른쪽 모습	왼쪽 모습

Chapter. 3

아이론 테크닉

Iron technique

1. 스트레이트

스트레이트straight는 모발을 직모가 되도록 펴주는 아이론 스타일 기법 중 하나이다. 일직선으로 쭉 펴는 스타일로 날카로우며 강인한 인상을 주는 이미지를 준다.

플랫아이론으로 헤어스타일링을 하는 기초기술은 펴기, C 컬, S 컬로 구분되며, 이 세가지의 조합으로 헤어스타일링이 창작된다. 플랫아이론으로 스타일링할 때는 아이론의 온도와 회전각도, 속도를 필요에 따라 선택하여 사용하는 기술이 필요하다.

모발 끝이 수평의 형태를 갖는다.

① 페러렐 형 스트레이트 아이론 드라이를 위해 4등분 블로킹하여 섹션은 수평, 슬라이스는 1~1.5cm, 패널 폭은 아이론보다 1cm 작게 하여 패널을 만든다. 슬라이스 간격을 너무 넓게 하면 아이론 자국이 날 수 있고, 너무 작으면 작업 시간이 오래 걸릴 수 있다. 적당한 수분이 있는지 체크하여 부족시 분무기를 이용해 수분을 공급한다.

② 꼬리빗을 이용해 고른 빗질을 한 후 패널 안쪽 모근부에 꼬리빗을 넣고 그 후 아이론을 넣어 모근부를 잡는다. 이때 두상 각 90도를 유지하여 모근부의 모발도 깨끗하게 드라이 될 수 있도록 한다. 일정한 텐션과 속도를 주어 모발 끝으로 꼬리빗과 함께 무빙한다.

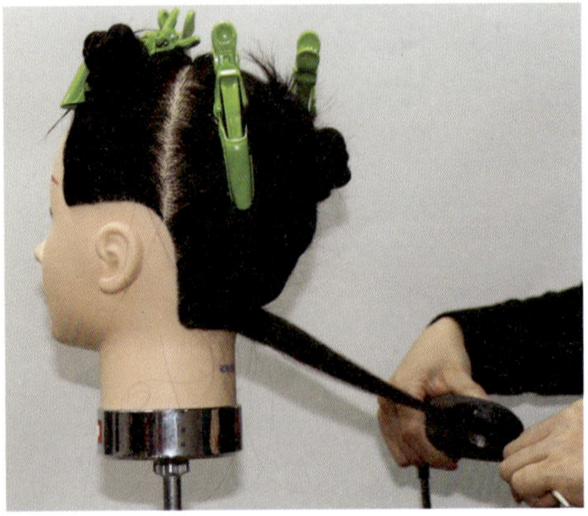

③ 첫 단이 완성된 모습이다.

④ 두상에서 90도 각도로 모발 끝까지 텐션을 주며 무빙한다. 동일한 방법으로 한번 더 시술한다. 첫 번째는 모발을 예열하는 작업으로, 두 번째 작업은 모발을 스트레이트 하기위한 작업으로 진행한다.

⑤ 동일한 방법으로 네이프 포인트에서 탑 포인트까지 진행한다.

⑥ 블로킹 선을 따라 모발이 갈라지지 않도록 양쪽 블로킹의 중앙 부분을 함께 잡아 작업한다.

⑦ 탑 포인트로 올라갈수록 두상 각 90도가 높아지므로 시술자와 높낮이를 맞추기 위해 홀더를 낮추어 작업하거나 패널을 들어 올려 작업한다. 블로킹도 최상위 단까지 깔끔하고 정확하게 유지한다.

⑧ 특히 탑 포인트는 두상 각 90도가 높기 때문에 각도가 잘 올라가져 있는지 확인하면서 진행한다. 각도가 낮아지면 모근부의 볼륨감, 즉 공기감이 없어지고 모근부는 드라이가 되지 않는다.

⑨ 사이드를 진행할 때는 백 부분과 갈라짐이 생기지 않도록 백 부분의 모발을 함께 잡아 드라이한다.

⑩ 두상 각 90도를 유지하고 동일한 텐션을 주어 진행한다. 특히 탑 포인트로 올라갈수록 두상 각 90도를 잘 유지하여 부드럽고 자연스러운 볼륨감을 낼 수 있도록 한다(하프 스템 롤러 컬). 만약 최대치의 볼륨감을 연출하고 싶다면 전방 45도(논 스템 롤러 컬)로 패널을 밀면서 작업한다.

⑪ 페러렐 형 스트레이트 아이론 드라이가 완성된 모습이다.

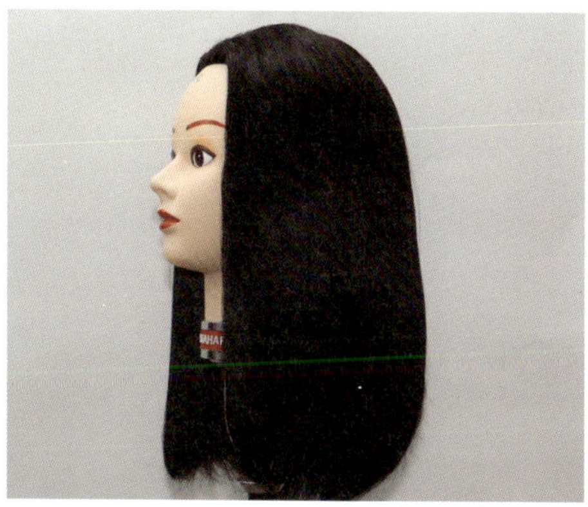

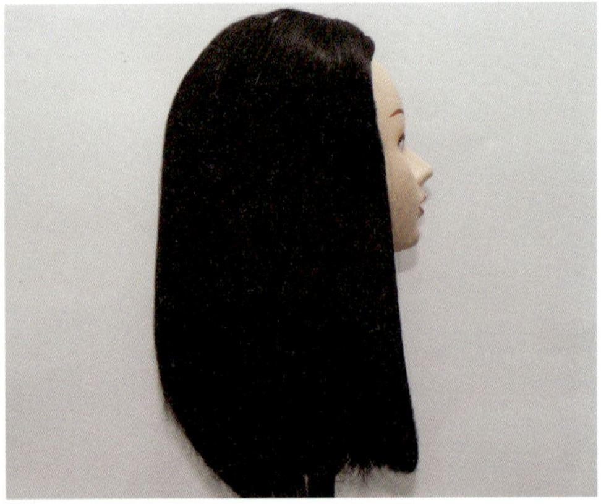

단원평가

▶ 작업장 평가

아이론 – 스트레이트 실습 과정 사진

모발진단서

고객명		시술일		시술자	
모질	□ 굵음 □ 보통 □ 가늚	모량	□ 많다 □ 중간 □ 적다		
손상 부위	□ 전체 □ 모발끝 □ 기타	컬러	□ 유 □ 무 □ 탈색 □ 기타		
젖은 모발 감촉					

나의 완성 작품

앞모습	뒷모습
오른쪽 모습	왼쪽 모습

▶ 평가자와 피평가자 체크리스트

자가진단 및 교수자 평가

진단영역	진단 문항	자가진단					교수자 진단				
		매우 미흡	미흡	보통	우수	매우 우수	매우 미흡	미흡	보통	우수	매우 우수
스트레이트 드라이하기 121010123_17v4.1	모발 상태와 헤어디자인에 따라 블로우 드라이어, 헤어 매직기, 헤어브러시 등의 기기 및 도구를 선정할 수 있다.	①	②	③	④	⑤	①	②	③	④	⑤
	블로우 드라이어를 사용하여 모발을 스트레이트 형태로 드라이할 수 있다.	①	②	③	④	⑤	①	②	③	④	⑤
	헤어 매직기를 사용하여 모발을 스트레이트형태로 할 수 있다.	①	②	③	④	⑤	①	②	③	④	⑤
	모발 상태와 헤어디자인에 따라 기기의 온도, 각도와 방향, 텐션 등을 조절할 수 있다.	①	②	③	④	⑤	①	②	③	④	⑤
	콤아웃 기법과 헤어스타일 연출 제품 등을 사용하여 헤어스타일을 완성할 수 있다.	①	②	③	④	⑤	①	②	③	④	⑤

[진단결과]

능력단위요소	자가진단			교수자 진단		
	문항수	점수	평균 (점수÷문항수)	문항수	점수	평균 (점수÷문항수)
스트레이트 드라이하기	5			5		
합 계	5			5		

연습작품

▶ 아이론 – 스트레이트 스타일을 한번 더 해봅시다!

모발진단서

<table>
<tr><td>고객명</td><td colspan="3"></td><td>시술일</td><td colspan="2"></td><td>시술자</td><td colspan="2"></td></tr>
<tr><td>모질</td><td>□ 굵음</td><td>□ 보통</td><td>□ 가늚</td><td>모량</td><td>□ 많다</td><td>□ 중간</td><td>□ 적다</td><td colspan="2"></td></tr>
<tr><td>손상
부위</td><td>□ 전체</td><td>□ 모발끝</td><td>□ 기타</td><td>컬러</td><td>□ 유</td><td>□ 무</td><td>□ 탈색</td><td>□ 기타</td><td></td></tr>
<tr><td colspan="2">젖은 모발 감촉</td><td colspan="8"></td></tr>
</table>

나의 완성 작품

앞모습	뒷모습
오른쪽모습	왼쪽모습

2. 안말음

안말음in curl or in curve은 모발 끝단이 안쪽으로 말려 들어간 아이론 스타일링기법 중 하나이다. 차분하여 여성스러운 이미지로 많은 여성들이 선호하는 스타일이다.

1. 스파니엘 형태spaniel type

전대각 형으로 뒷머리보다 앞머리가 긴 형태이다.

① 스파니엘 형 안말음 아이론 드라이를 위해 4등분 블로킹하여 섹션은 수평, 슬라이스는 1~1.5cm, 패널 폭은 아이론 보다 1cm 작게하여 패널을 만든다. 적당한 수분이 있는지 체크하여 부족시 분무기를 이용해 수분을 공급한다.

② 첫 번째 무빙은 모발에 예열(선 작업)을 주는 작업으로 고른 수분 분포와 정확한 스타일링을 위해 진행한다.

③ 두 번째 무빙은 예열된 모발에 본처리를 하는 작업으로 동일한 텐션과 속도로 진행한다.

④ 안말음의 C컬을 만들기 위해 모발 끝에서 안쪽으로 반회전한다. 이때 아이론의 판넬 크기만큼 모발 끝을 남겨 두고 반 회전해야 정확한 C컬을 만들 수 있다. 너무 많은 길이의 모발 끝을 남기고 반 회전을 하면 끝머리에 정확한 C컬 형성이 안 되고, 회전수를 너무 많이 하면 S컬의 형태가 될 수 있으므로 주의한다.

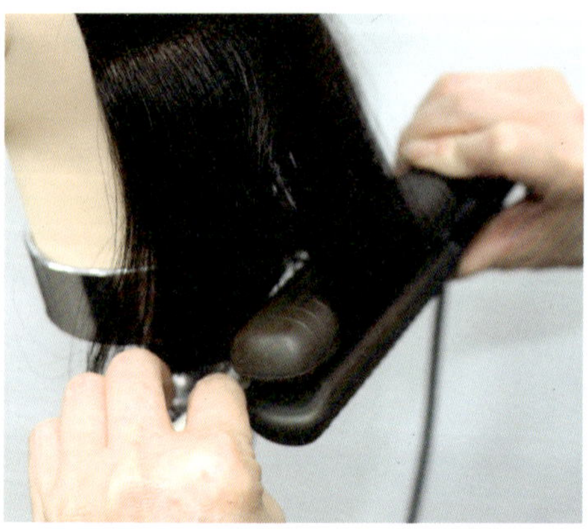

⑤ 완성된 첫 단의 안말음 모습이다.

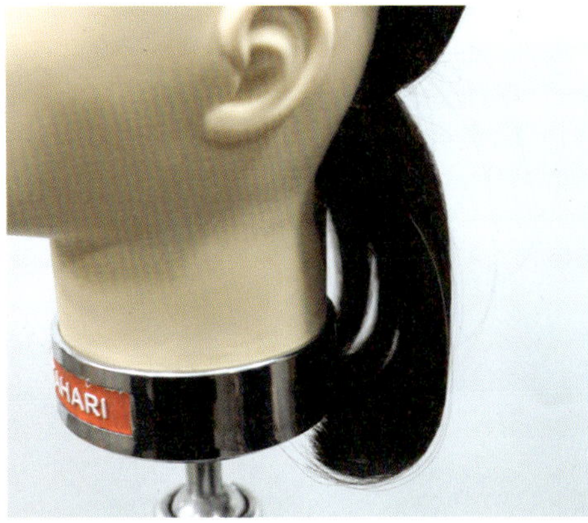

⑥ 위와 같은 방법으로 네이프 포인트에서 탑 포인트 방향으로 진행한다. 이때 두상 각 90도를 유지하면서 진행해야 자연스러운 볼륨감을 연출할 수 있다. 또한 동일한 텐션 및 속도를 유지하여 자연스러운 볼륨감, 매끈한 모발 형태, 균일한 아웃라인을 만들 수 있도록 한다.

⑦ 탑 포인트는 두상 각 90도(하프 스템 롤러 컬)로 패널을 들어 올려 진행한다. 시술자가 편한 높이를 맞출 수 있도록 홀더의 높낮이를 조절한다. 만약 최대치의 볼륨을 원한다면 전방 45도(논 스템 롤러 컬) 각도로 패널을 밀면서 진행한다.

⑧ 모근부의 볼륨을 확실히 만들고 난 후 패널 중간 부분은 각도를 낮춰 시술자가 시술을 용이하게 할 수 있도록 한다. 모발 끝 안말음 효과를 확실하게 주기 위해 모발 끝에서 아이론 판넬의 크기만큼 남겨진 부분에서 반회전을 시작한다.

⑨ 인밀음 아이론 드라이가 완성된 백 부분의 모습이다.

⑩ 백과 사이드가 갈라지지 않게 하기 위해 두 블로킹의 모발을 함께 잡아 열처리 한다. 백 부분과 같은 방법으로 아이론 드라이를 진행한다.

⑪ 탑 부분의 자연스러운 볼륨감을 위해 두상 각 90도(하프 스템 롤러 컬)를 유지하면서 진행한다.

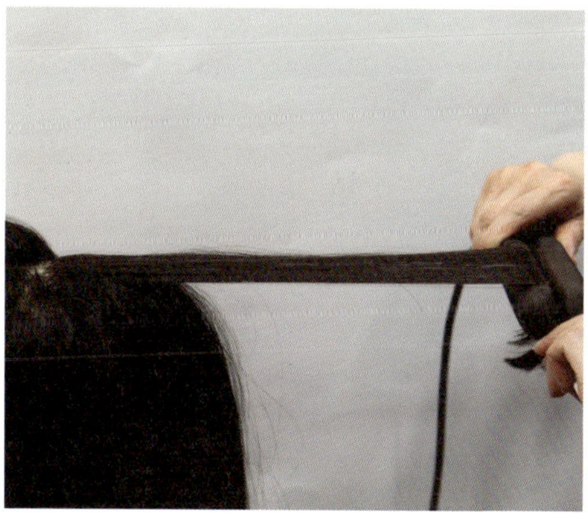

⑫ 스파니엘 형 안말음 아이론 드라이가 완성된 모습이다.

2. 그라데이션 형태Gradation type

45도 각도로 커트하여 층이 있는 형태이다.

① 그라데이션 형 안말음 아이론 드라이를 위해 5등분 블로킹하여 섹션은 수평, 슬라이스는 1~1.5cm, 패널 폭은 아이론보다 1cm 작게하여 패널을 만든다. 적당한 수분이 있는지 체크하여 부족 시 분무기를 이용해 수분을 공급한다.

② 아이론 드라이 방법은 스파니엘 형 안말음과 같다. 패널 안쪽 모근부에 꼬리빗을 넣고 모발을 당겨 텐션을 준다. 꼬리빗 위로 아이론을 평행하게 넣고 텐션(압)을 가한다. 두상에서 90도 각도로 모발 끝까지 텐션을 주며 무빙한다. 이때 모발 끝에서 아이론 패널의 크기만큼 길이를 남기고 아이론을 반회전시켜 안말음 형의 C컬을 만든다.

③ 같은 방법으로 네이프 포인트에서 탑 포인트 방향으로 진행하며 일정한 텐션, 속도, 반회전으로 자연스러운 볼륨감과 균일한 아웃라인을 만든다. 탑 포인트의 경우 두상 각 90도가 높아지므로 홀더의 높낮이를 조절하여 시술자가 용이하게 시술할 수 있도록 한다.

④ 그라데이션 형 안말음 아이론 드라이가 완성된 백 부분의 모습이다.

⑤ 위와 같은 방법으로 진행된 그라데이션 형 안말음 아이론 드라이가 완성된 사이드 부분의 모습이다.

⑥ 탑의 사각형 블로킹 뒤쪽부터 두상 각 90도(하프 스템 롤러 컬)로 패널을 들어 올려 드라이한다.

⑦ 점차 사각형 블로킹의 앞쪽으로 패널을 만들어 드라이한다.

⑧ 최대치의 볼륨감을 원한다면 전방 45도(논 스템 롤러 컬)로, 낮은 볼륨감을 원한다면 후방 45도(롱 스템 롤러 컬)로 진행한다.

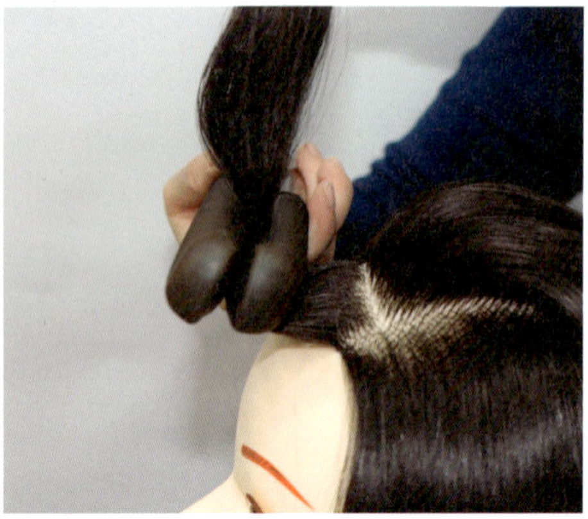

⑨ 그라데이션 형 안말음 아이론 드라이가 완성된 모습이다.

단원평가

▶ 작업장 평가

아이론 – 안말음 실습 과정 사진

모발진단서

고객명		시술일		시술자	
모질	□ 굵음 □ 보통 □ 가늚		모량	□ 많다 □ 중간 □ 적다	
손상 부위	□ 전체 □ 모발끝 □ 기타		컬러	□ 유 □ 무 □ 탈색 □ 기타	
젖은 모발 감촉					

나의 완성 작품

앞모습	뒷모습
오른쪽 모습	왼쪽 모습

▶ 평가자와 피평가자 체크리스트

자가진단 및 교수자 평가

진단영역	진단 문항	자가진단					교수자 진단				
		매우 미흡	미흡	보통	우수	매우 우수	매우 미흡	미흡	보통	우수	매우 우수
스트레이트 드라이하기 121010123_17v4.1	모발 상태와 헤어디자인에 따라 블로우 드라이어, 헤어 매직기, 헤어브러시 등의 기기 및 도구를 선정할 수 있다.	①	②	③	④	⑤	①	②	③	④	⑤
	블로우 드라이어를 사용하여 모발을 스트레이트 형태로 드라이할 수 있다.	①	②	③	④	⑤	①	②	③	④	⑤
	헤어 매직기를 사용하여 모발을 스트레이트형태로 할 수 있다.	①	②	③	④	⑤	①	②	③	④	⑤
	모발 상태와 헤어디자인에 따라 기기의 온도, 각도와 방향, 텐션 등을 조절할 수 있다.	①	②	③	④	⑤	①	②	③	④	⑤
C컬 드라이하기 121010123_17v4.2	모발 상태와 헤어디자인에 따라 블로우 드라이어, 헤어 매직기, 헤어브러시 등의 기기 및 도구를 선정할 수 있다.	①	②	③	④	⑤	①	②	③	④	⑤
	블로우 드라이어를 사용하여 모발을 스트레이트 형태로 드라이할 수 있다.	①	②	③	④	⑤	①	②	③	④	⑤
	헤어 매직기를 사용하여 모발을 스트레이트형태로 할 수 있다.	①	②	③	④	⑤	①	②	③	④	⑤
	콤아웃 기법과 헤어스타일 연출 제품 등을 사용하여 헤어스타일을 완성할 수 있다.	①	②	③	④	⑤	①	②	③	④	⑤

[진단결과]

능력단위요소	자가진단			교수자 진단		
	문항수	점수	평균 (점수÷문항수)	문항수	점수	평균 (점수÷문항수)
스트레이트 드라이하기	4			4		
C컬 드라이하기	4			4		
합 계	8			8		

연습작품

▶ 아이론 – 안말음 스타일을 한번 더 해봅시다!

모발진단서

고객명		시술일		시술자	
모질	□ 굵음 □ 보통 □ 가늚	모량	□ 많다 □ 중간 □ 적다		
손상 부위	□ 전체 □ 모발끝 □ 기타	컬러	□ 유 □ 무 □ 탈색 □ 기타		
젖은 모발 감촉					

나의 완성 작품

앞모습	뒷모습
오른쪽 모습	왼쪽 모습

3. 바깥말음

바깥말음out curl or out curve은 모발 끝단이 바깥쪽으로 향하는 아이론 스타일링 기법 중 하나이다. 여성스러우면서 역동적인 스타일로 폭 넓은 연령층의 여성들이 선호하는 스타일중 하나이다. 블로우 드라이 스타일보다 다소 딱딱한 느낌일 수 있다.

1. 이사도라 형태

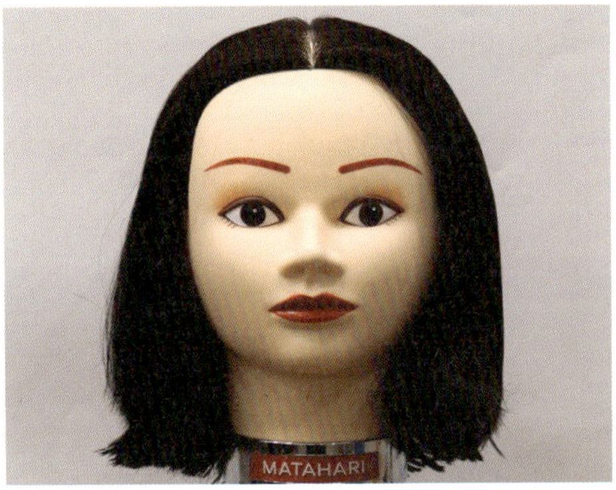

후대각 형으로 뒷머리보다 앞머리가 짧은 형태이다.

① 이사도라 형 바깥말음 아이론 드라이를 위해 4등분 블로킹하여 섹션은 수평, 슬라이스는 1~1.5cm, 패널 폭은 아이론 보다 1cm 작게하여 패널을 만든다. 적당한 수분이 있는지 체크하여 부족 시 분무기를 이용해 수분을 공급한다.

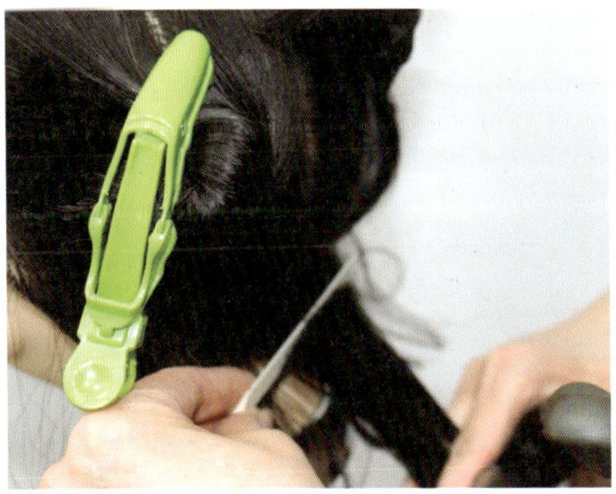

② 패널 안쪽 모근부에 꼬리빗을 넣고 모발을 당겨 텐션을 준다. 꼬리빗 위로 아이론을 평행하게 넣고 텐션(압)을 가한다. 두상에서 90도 각도로 모발 끝까지 텐션을 주며 무빙한다. 두 번의 무빙을 하는데 첫 번째 무빙은 전처리로 예열의 과정이다. 두 번째 열처리가 본처리 과정으로 모발 끝에서 아이론 패널의 크기만큼 길이를 남기고 아이론을 바깥으로 반회전시켜 바깥말음 형의 C컬을 만든다.

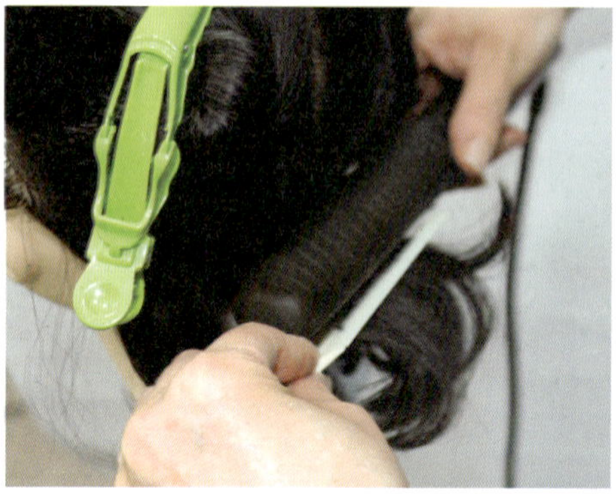
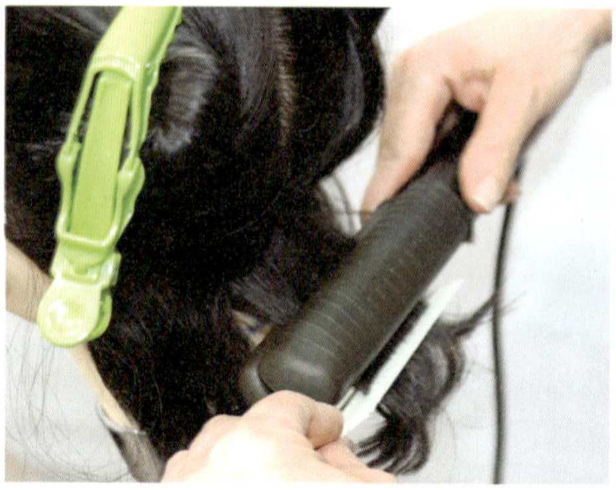

③ 모발이 너무 짧으면 패널의 겉면에서 모발 끝을 반회전하여 감아올리기 쉽지 않으므로 사전 커트 시 최소 10cm 이상의 길이로 커트한다.

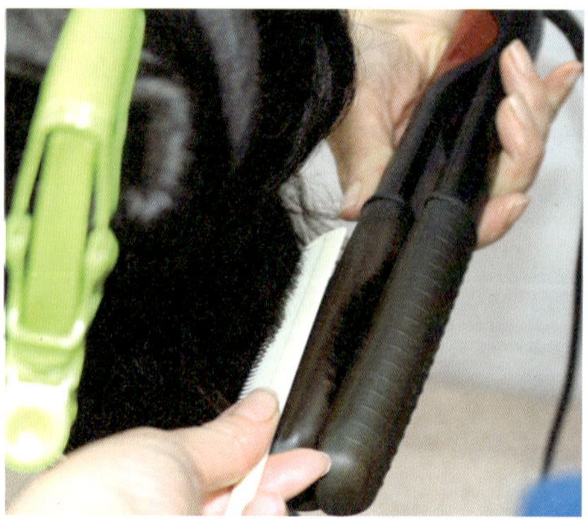

④ 같은 방법으로 네이프 포인트에서 탑 포인트 방향으로 진행하며 동일한 텐션, 속도, 회전으로 자연스러운 볼륨감, 매끈한 모발, 균일한 아웃라인을 만든다.

⑤ 탑 포인트의 경우 두상 각 90도가 높아지므로 홀더의 높낮이를 조절하여 시술자가 용이하게 시술할 수 있도록 한다.

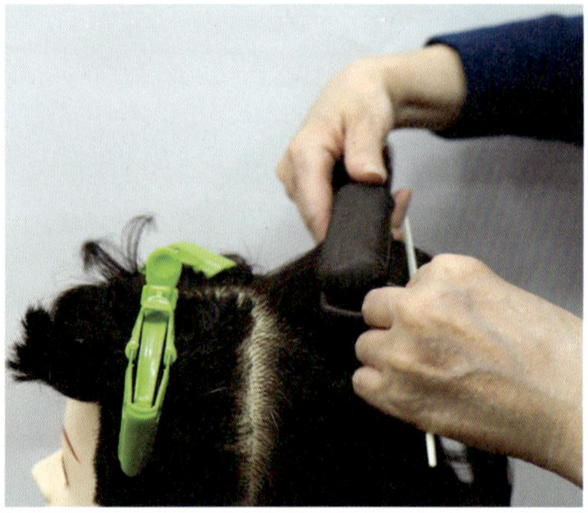
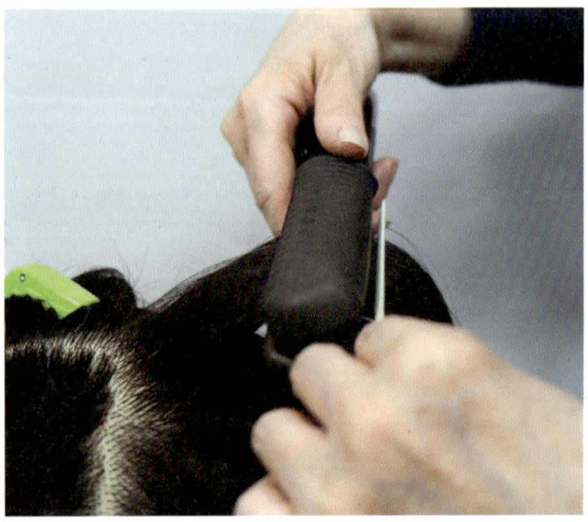

⑥ 이사도라 형 바깥말음 아이론 드라이가 완성된 백 부분의 모습이다.

⑦ 위와 같은 방법으로 양쪽 사이드도 드라이 한 후의 이사도라형 바깥말음 아이론 드라이가 완성된 모습이다.

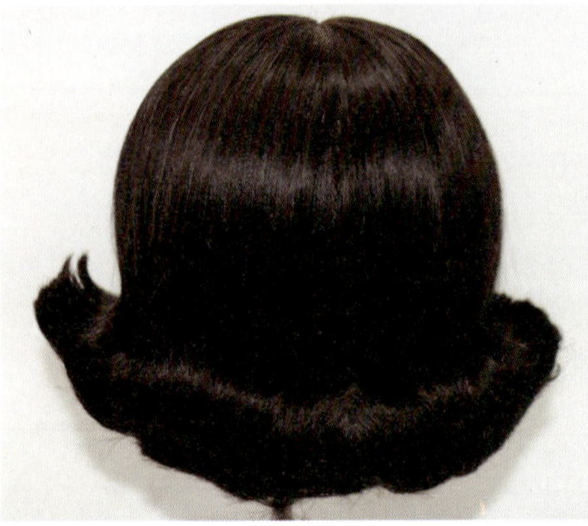

단원평가

▶ 작업장 평가

아이론 – 바깥말음 실습 과정 사진

모발진단서

고객명		시술일		시술자	
모질	□ 굵음 □ 보통 □ 가늚		모량	□ 많다 □ 중간 □ 적다	
손상 부위	□ 전체 □ 모발끝 □ 기타		컬러	□ 유 □ 무 □ 탈색 □ 기타	
젖은 모발 감촉					

나의 완성 작품

앞모습	뒷모습
오른쪽 모습	왼쪽 모습

▶ 평가자와 피평가자 체크리스트

자가진단 및 교수자 평가

진단영역	진단 문항	자가진단					교수자 진단				
		매우 미흡	미흡	보통	우수	매우 우수	매우 미흡	미흡	보통	우수	매우 우수
스트레이트 드라이하기 121010123_17v4.1	모발 상태와 헤어디자인에 따라 블로우 드라이어, 헤어 매직기, 헤어브러시 등의 기기 및 도구를 선정할 수 있다.	①	②	③	④	⑤	①	②	③	④	⑤
	블로우 드라이어를 사용하여 모발을 스트레이트 형태로 드라이할 수 있다.	①	②	③	④	⑤	①	②	③	④	⑤
	헤어 매직기를 사용하여 모발을 스트레이트형태로 할 수 있다.	①	②	③	④	⑤	①	②	③	④	⑤
	모발 상태와 헤어디자인에 따라 기기의 온도, 각도와 방향, 텐션 등을 조절할 수 있다.	①	②	③	④	⑤	①	②	③	④	⑤
C컬 드라이하기 121010123_17v4.2	모발 상태와 헤어디자인에 따라 블로우 드라이어, 헤어 매직기, 헤어브러시 등의 기기 및 도구를 선정할 수 있다.	①	②	③	④	⑤	①	②	③	④	⑤
	블로우 드라이어를 사용하여 모발을 스트레이트 형태로 드라이할 수 있다.	①	②	③	④	⑤	①	②	③	④	⑤
	헤어 매직기를 사용하여 모발을 스트레이트형태로 할 수 있다.	①	②	③	④	⑤	①	②	③	④	⑤
	콤아웃 기법과 헤어스타일 연출 제품 등을 사용하여 헤어스타일을 완성할 수 있다.	①	②	③	④	⑤	①	②	③	④	⑤

[진단결과]

능력단위요소	자가진단			교수자 진단		
	문항수	점수	평균 (점수÷문항수)	문항수	점수	평균 (점수÷문항수)
스트레이트 드라이하기	4			4		
C컬 드라이하기	4			4		
합 계	8			8		

연습작품

▶ 아이론 – 바깥말음 스타일을 한번 더 해봅시다!

모발진단서

<table>
<tr><td>고객명</td><td colspan="2"></td><td>시술일</td><td colspan="2"></td><td>시술자</td><td></td></tr>
<tr><td>모질</td><td colspan="3">□ 굵음 □ 보통 □ 가늚</td><td>모량</td><td colspan="3">□ 많다 □ 중간 □ 적다</td></tr>
<tr><td>손상 부위</td><td colspan="3">□ 전체 □ 모발끝 □ 기타</td><td>컬러</td><td colspan="3">□ 유 □ 무 □ 탈색 □ 기타</td></tr>
<tr><td colspan="2">젖은 모발 감촉</td><td colspan="6"></td></tr>
</table>

나의 완성 작품

앞모습	뒷모습
오른쪽모습	왼쪽모습

4. 리버스 S형 웨이브

리버스 컬revers curl은 나선형의 S형의 웨이브로 앞에서 봤을 때 컬이 백back 쪽으로 감기는 아이론 스타일링 기법중 하나이다. 리버스 컬은 생동감을 주고 화려하며, 손질이 쉽다. 포워드 컬보다 발랄한 이미지를 갖는다. 컬의 크기에 따라 자연스러움과 화려함을 표현할 수 있는데 플랫아이론의 회전각도 90°, 180°, 270°에 따라 컬의 크기를 조절할 수 있다.

1. 리버스 웨이브

① 아이론의 폭보다 양쪽이 1cm 작은 세로형 패널을 만든다.

② 세로형 패널에 맞춰 아이론을 세로로 세운 뒤 패널을 백 방향으로 잡아 돌린다.

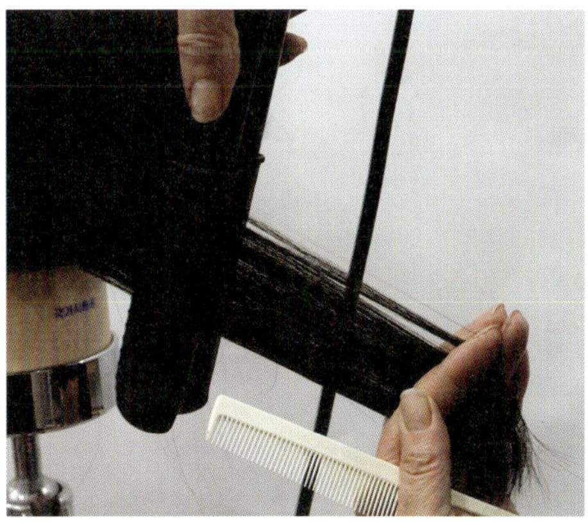

③ S형 웨이브를 만들기 위해 패널을 아이론에 2바퀴 이상 감아준다. 이때 모선이 오버랩되지 않도록 대각으로 감는다.

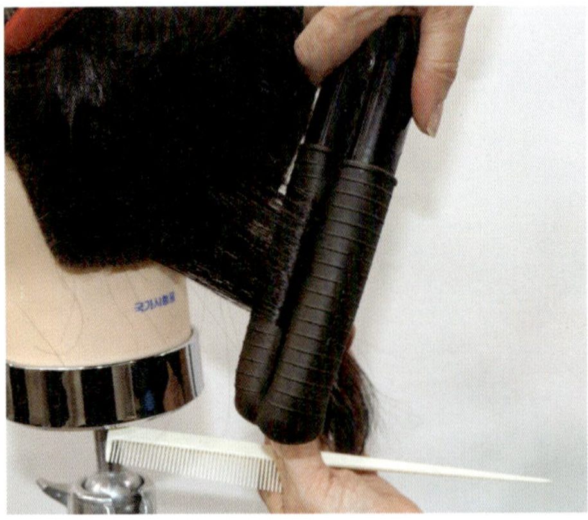

④ 아이론에 감긴 모발을 열처리하기 위해 2~3초간의 뜸을 들인다. 이때 적당한 수분감이 있으면 더욱 효과적인 S형 웨이브를 만들 수 있다.

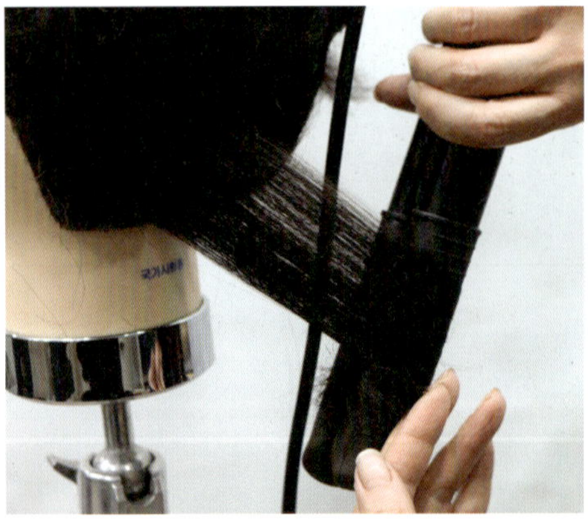

⑤ 열처리 후 바로 모발을 빼내면 남아있는 열로 인해 웨이브가 늘어질 수 있으므로 열처리 후 2~3초간 웨이브를 잡아 열을 식혀 준다.

⑥ 완성된 리버즈(백 방향) S형 웨이브의 모습이다.

단원평가

▶ 작업장 평가

아이론 – 리버스 S 형 웨이브 실습 과정 사진

모발진단서

<table>
<tr><td>고객명</td><td colspan="2"></td><td>시술일</td><td colspan="2"></td><td>시술자</td><td></td></tr>
<tr><td>모질</td><td colspan="3">□ 굵음 □ 보통 □ 가늚</td><td>모량</td><td colspan="3">□ 많다 □ 중간 □ 적다</td></tr>
<tr><td>손상 부위</td><td colspan="3">□ 전체 □ 모발끝 □ 기타</td><td>컬러</td><td colspan="3">□ 유 □ 무 □ 탈색 □ 기타</td></tr>
<tr><td colspan="2">젖은 모발 감촉</td><td colspan="6"></td></tr>
</table>

나의 완성 작품

앞모습	뒷모습
오른쪽 모습	왼쪽 모습

자가진단 및 교수자 평가

<table>
<tr><th rowspan="2">진단영역</th><th rowspan="2">진단 문항</th><th colspan="5">자가진단</th><th colspan="5">교수자 진단</th></tr>
<tr><th>매우 미흡</th><th>미흡</th><th>보통</th><th>우수</th><th>매우 우수</th><th>매우 미흡</th><th>미흡</th><th>보통</th><th>우수</th><th>매우 우수</th></tr>
<tr><td rowspan="4">스트레이트 드라이하기 121010123 _17v4.1</td><td>모발 상태와 헤어디자인에 따라 블로우 드라이어, 헤어 매직기, 헤어브러시 등의 기기 및 도구를 선정할 수 있다.</td><td>①</td><td>②</td><td>③</td><td>④</td><td>⑤</td><td>①</td><td>②</td><td>③</td><td>④</td><td>⑤</td></tr>
<tr><td>블로우 드라이어를 사용하여 모발을 스트레이트 형태로 드라이할 수 있다.</td><td>①</td><td>②</td><td>③</td><td>④</td><td>⑤</td><td>①</td><td>②</td><td>③</td><td>④</td><td>⑤</td></tr>
<tr><td>헤어 매직기를 사용하여 모발을 스트레이트형태로 할 수 있다.</td><td>①</td><td>②</td><td>③</td><td>④</td><td>⑤</td><td>①</td><td>②</td><td>③</td><td>④</td><td>⑤</td></tr>
<tr><td>모발 상태와 헤어디자인에 따라 기기의 온도, 각도와 방향, 텐션 등을 조절할 수 있다.</td><td>①</td><td>②</td><td>③</td><td>④</td><td>⑤</td><td>①</td><td>②</td><td>③</td><td>④</td><td>⑤</td></tr>
<tr><td rowspan="3">C컬 드라이하기 121010123 _17v4.2</td><td>모발 상태와 헤어디자인에 따라 블로우 드라이어, 헤어 매직기, 헤어브러시 등의 기기 및 도구를 선정할 수 있다.</td><td>①</td><td>②</td><td>③</td><td>④</td><td>⑤</td><td>①</td><td>②</td><td>③</td><td>④</td><td>⑤</td></tr>
<tr><td>블로우 드라이어를 사용하여 모발을 스트레이트 형태로 드라이할 수 있다.</td><td>①</td><td>②</td><td>③</td><td>④</td><td>⑤</td><td>①</td><td>②</td><td>③</td><td>④</td><td>⑤</td></tr>
<tr><td>헤어 매직기를 사용하여 모발을 스트레이트형태로 할 수 있다.</td><td>①</td><td>②</td><td>③</td><td>④</td><td>⑤</td><td>①</td><td>②</td><td>③</td><td>④</td><td>⑤</td></tr>
<tr><td rowspan="3">S컬 드라이하기 121010139 _17v4.1</td><td>모발 상태와 헤어디자인에 따라 블로우 드라이어, 헤어 매직기, 헤어브러시 등의 기기 및 도구를 선정할 수 있다.</td><td>①</td><td>②</td><td>③</td><td>④</td><td>⑤</td><td>①</td><td>②</td><td>③</td><td>④</td><td>⑤</td></tr>
<tr><td>블로우 드라이어를 사용하여 모발을 스트레이트 형태로 드라이할 수 있다.</td><td>①</td><td>②</td><td>③</td><td>④</td><td>⑤</td><td>①</td><td>②</td><td>③</td><td>④</td><td>⑤</td></tr>
<tr><td>콤아웃 기법과 헤어스타일 연출 제품 등을 사용하여 헤어스타일을 완성할 수 있다.</td><td>①</td><td>②</td><td>③</td><td>④</td><td>⑤</td><td>①</td><td>②</td><td>③</td><td>④</td><td>⑤</td></tr>
</table>

[진단결과]

능력단위요소	자가진단			교수자 진단		
	문항수	점수	평균 (점수÷문항수)	문항수	점수	평균 (점수÷문항수)
스트레이트 드라이하기	4			4		
C컬 드라이하기	3			3		
S컬 드라이하기	3			3		
합 계	10			10		

연습작품

▶ 아이론 – 리버스 S형 웨이브 스타일을 한번 더 해봅시다!

모발진단서

고객명		시술일		시술자	
모질	□ 굵음　□ 보통　□ 가늚	모량	□ 많다　□ 중간　□ 적다		
손상 부위	□ 전체　□ 모발끝　□ 기타	컬러	□ 유　□ 무　□ 탈색　□ 기타		
젖은 모발 감촉					

나의 완성 작품

앞모습	뒷모습
오른쪽 모습	왼쪽 모습

Chapter. 4

베이직 블로우 드라이 & 아이론 연출

Basic blow dry & Iron

1. 아웃컬Out curl

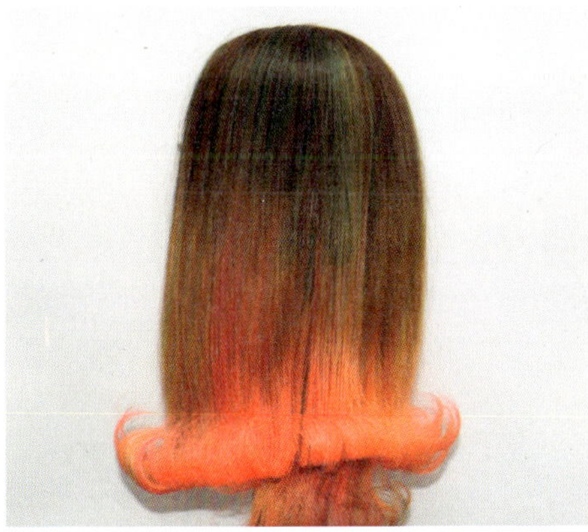

2. 인컬In curl

3. 웨이브Wave

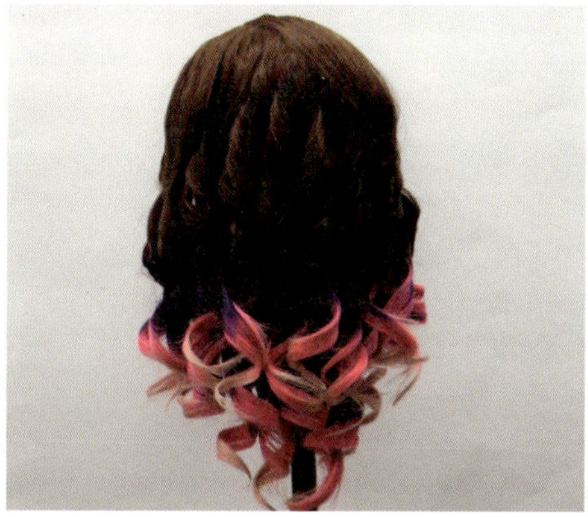

MATAHARI

단원평가

▶ 작업장 평가

포워드와 리버스 혼합형 웨이브 실습 과정 사진

모발진단서

<table>
<tr><td>고객명</td><td colspan="2"></td><td>시술일</td><td colspan="2"></td><td>시술자</td><td></td></tr>
<tr><td>모질</td><td colspan="3">□ 굵음 □ 보통 □ 가늚</td><td>모량</td><td colspan="3">□ 많다 □ 중간 □ 적다</td></tr>
<tr><td>손상 부위</td><td colspan="3">□ 전체 □ 모발끝 □ 기타</td><td>컬러</td><td colspan="3">□ 유 □ 무 □ 탈색 □ 기타</td></tr>
<tr><td colspan="2">젖은 모발 감촉</td><td colspan="6"></td></tr>
</table>

나의 완성 작품

앞모습	뒷모습
오른쪽 모습	왼쪽 모습

▶ 평가자와 피평가자 체크리스트

자가진단 및 교수자 평가

진단영역	진단 문항	자가진단					교수자 진단				
		매우 미흡	미흡	보통	우수	매우 우수	매우 미흡	미흡	보통	우수	매우 우수
스트레이트 드라이하기 121010123_17v4.1	모발 상태와 헤어디자인에 따라 블로우 드라이어, 헤어 매직기, 헤어브러시 등의 기기 및 도구를 선정할 수 있다.	①	②	③	④	⑤	①	②	③	④	⑤
	블로우 드라이어를 사용하여 모발을 스트레이트 형태로 드라이할 수 있다.	①	②	③	④	⑤	①	②	③	④	⑤
	헤어 매직기를 사용하여 모발을 스트레이트형태로 할 수 있다.	①	②	③	④	⑤	①	②	③	④	⑤
	모발 상태와 헤어디자인에 따라 기기의 온도, 각도와 방향, 텐션 등을 조절할 수 있다.	①	②	③	④	⑤	①	②	③	④	⑤
C컬 드라이하기 121010123_17v4.2	모발 상태와 헤어디자인에 따라 블로우 드라이어, 헤어 매직기, 헤어브러시 등의 기기 및 도구를 선정할 수 있다.	①	②	③	④	⑤	①	②	③	④	⑤
	블로우 드라이어를 사용하여 모발을 스트레이트 형태로 드라이할 수 있다.	①	②	③	④	⑤	①	②	③	④	⑤
	헤어 매직기를 사용하여 모발을 스트레이트형태로 할 수 있다.	①	②	③	④	⑤	①	②	③	④	⑤
S컬 드라이하기 121010139_17v4.1	모발 상태와 헤어디자인에 따라 블로우 드라이어, 헤어 매직기, 헤어브러시 등의 기기 및 도구를 선정할 수 있다.	①	②	③	④	⑤	①	②	③	④	⑤
	블로우 드라이어를 사용하여 모발을 스트레이트 형태로 드라이할 수 있다.	①	②	③	④	⑤	①	②	③	④	⑤
	콤아웃 기법과 헤어스타일 연출 제품 등을 사용하여 헤어스타일을 완성할 수 있다.	①	②	③	④	⑤	①	②	③	④	⑤

[진단결과]

능력단위요소	자가진단			교수자 진단		
	문항수	점수	평균 (점수÷문항수)	문항수	점수	평균 (점수÷문항수)
스트레이트 드라이하기	4			4		
C컬 드라이하기	3			3		
S컬 드라이하기	3			3		
합 계	10			10		

연습작품

▶ 포워드와 리버스 혼합형 웨이브 스타일을 한번 더 해봅시다!

모발진단서

고객명		시술일		시술자	
모질	□ 굵음 □ 보통 □ 가늚		모량	□ 많다 □ 중간 □ 적다	
손상 부위	□ 전체 □ 모발끝 □ 기타		컬러	□ 유 □ 무 □ 탈색 □ 기타	
젖은 모발 감촉					

나의 완성 작품

앞모습	뒷모습
오른쪽 모습	왼쪽 모습

참고문헌

- 김혜란 외 6명, "두피모발관리", 메디시언, 2013.
- 곽인실 외 3명, "두피모발관리학", 사)한국두피모발관리사협회, 군자출판사, 2011.
- 한국두피모발연구학회, "두피모발관리학", 훈민사, 2008.
- 문영숙 외 9명, "모발과두피관리입문", 훈민사, 2008.
- 전세열 외 6명, "모발&두피관리학", 광문각, 2006.
- 정숙희 외 4명, "트리콜로지스트 스토리북", 훈민사, 2008.
- 조명숙 외 6명, "모발학", 훈민사, 2005.
- 고경숙 외 6명, "최신 NCS 기반 블루드라이& 아이론 헤어스타일링", 훈민사, 2008.
- 황희순, "미용학개론", 청구문화사, 2002.
- 고경숙 외 6명, "블로우 드라이", 서울교과서, 2009.
- 김주섭 외 5명, "두피모발관리학", 구민사, 2010.
- 김진수 · 정미숙 · 정원지, "기초 블로우 드라이와 아이론", 현문사, 2013.
- 김한석, "미용과학Ⅱ – 모발과학편 –", 청구문화사, 2010.
- 김한식, "제2판 모발 생리학", 현문사, 2011.
- 정태봉 · 고운하 · 김한식 · 전상구, "모발대전과", 한국모발과학협회, 2000.
- https://www.ncs.go.kr/unity/th03/ncsSearchMain.do
- 임은진 외 7인, "new 두피모발관리학", 메디시언, 2011.

교육역량 강화를 위한
베이직 헤어스타일링
블로우 드라이 & 아이론

2018년 9월 10일 초판 발행
2022년 2월 10일 수정판 발행

저 자 최묘선·백소현·강세령·위샘결·강주희
김진수·양미숙·유나경·윤수미·이정선

발행인 주병오·주민기

발행처 메디시인

주 소 경기도 파주시 회동길 209
파주출판문화도시
영업팀 (031)955-7566 · 7577
편집디자인팀 (031)955-7731
FAX (031)955-7730
홈페이지 www.ji-gu.co.kr
전자우편 jigupub@hanmail.net
등록번호 2005년 2월 16일 제 406-2005-000045호

ISBN 979-11-90839-49-5 값 25,000원